Widersprüche im Regelungskomplex der genetischen Frühdiagnostik –
eine verfassungsrechtliche Analyse

Recht und Medizin

Bd./Vol. 129

Zur Qualitätssicherung und Peer Review der vorliegenden Publikation

Die Qualität der in dieser Reihe erscheinenden Arbeiten wird vor der Publikation durch Herausgeber der Reihe geprüft.

Notes on the quality assurance and peer review of this publication

Prior to publication, the quality of the work published in this series is reviewed by editors of the series.

Marius Glaubitz

Widersprüche im Regelungskomplex der genetischen Frühdiagnostik – eine verfassungsrechtliche Analyse

PETER LANG

Bibliografische Information der Deutschen Nationalbibliothek
Die Deutsche Nationalbibliothek verzeichnet diese Publikation in der Deutschen Nationalbibliografie; detaillierte bibliografische Daten sind im Internet über http://dnb.d-nb.de abrufbar.

Zugl.: Kiel, Univ., Diss., 2017

Umschlaggestaltung:
© Olaf Gloeckler, Atelier Platen, Friedberg

D8
ISSN 0172-116X
ISBN 978-3-631-76424-4 (Print)
E-ISBN 978-3-631-76482-4 (E-PDF)
E-ISBN 978-3-631-76483-1 (EPUB)
E-ISBN 978-3-631-76484-8 (MOBI)
DOI 10.3726/b14537

Peter Lang – Berlin · Bern · Bruxelles · New York · Oxford · Warszawa · Wien

Diese Publikation wurde begutachtet.

www.peterlang.com

Vorwort

Die vorliegende Arbeit wurde im Sommersemester 2016 abgeschlossen und von der juristischen Fakultät der Christian-Albrechts-Universität zu Kiel als Dissertation angenommen.

Mein aufrichtiger Dank gilt Herrn Prof. Dr. Gerhard Igl für seine Bereitschaft diese Arbeit zu betreuen. Darüber hinaus bedanke ich mich bei Herrn Prof. Dr. Andreas Hoyer für die Erstellung des Zweitgutachtens.

Ganz besonderer Dank gilt meinem Vater, Herrn Dr. Ralf Glaubitz, der mir die Anfertigung der Dissertation ermöglicht hat und mit seiner unermüdlichen und liebevollen Unterstützung zum Gelingen beigetragen hat. Ihm ist diese Arbeit gewidmet.

Schließlich Danke ich auch Herrn Dr. Moritz Maier für die Durchsicht der Arbeit und seine hilfreichen Anmerkungen.

Berlin im Mai 2018 Marius Glaubitz

Inhaltsverzeichnis

Abkürzungsverzeichnis ... 13

1. Kapitel: Einführung ... 17

A. Problemaufriss und Zielvorgabe ... 17

B. Biologisch-medizinische und ethische Grundlagen ... 20
I. Biologisch-medizinische Grundlagen ... 20
1. Grundlagen der Genetik ... 20
a) Chromosomen ... 21
b) Die DNS ... 21
c) Mutationen ... 22
2. Embryonalentwicklung ... 23
a) Gametogenese ... 23
b) Die Fertilisation ... 24
c) Die Blastozyste ... 24
d) Embryonalperiode ... 25
e) Fetalperiode ... 25
3. Präimplantationsdiagnostik ... 25
4. Pränataldiagnostik ... 26
a) Nichtinvasive Untersuchungsmethoden ... 26
b) Invasive Untersuchungsmethoden ... 28
5. Therapie in utero ... 29
II. Ethisch-philosophische Grundlagen ... 29
1. Einleitende Vorbemerkungen ... 29
2. Der Begriff der Person ... 30
a) Inklusionstheorie ... 30
b) Exklusionstheorie ... 33
3. Resümee und Ausblick ... 34

C. Die Regelung des Schwangerschaftsabbruchs im StGB ... 34

D. Sozialrechtlicher Kontext ... 36

2. Kapitel: Ein Widerspruch als Untersuchungsgegenstand 39

A. Die potentiell widersprüchlichen Regelungen 39

I. Die Regelung der Präimplantationsdiagnostik in § 3a ESchG 39

1. Entstehungsgeschichte 39

2. Regelungsgehalt 42

a) Der Grundsatz 42

b) Die Ausnahmen 43

c) Ergebnis 45

II. Die Regelung der Pränataldiagnostik im GenDG 45

1. Historie 45

2. Grundlegendes 46

a) Zweck des Gesetzes 46

b) Anwendungsbereich 46

c) Benachteiligungsverbot 46

3. Regelungsgehalt des § 25 Abs. 1 Nr. 3 i.V.m. § 15 Abs. 1 S. 1 GenDG 47

a) Vorüberlegungen zur Gesetzgebungstechnik 47

b) Begriffsbestimmungen 49

c) Vorgeburtliche genetische Untersuchungen 49

aa) Vorbemerkung zur Indikation für eine vorgeburtliche genetische Untersuchung 50

bb) Vorgeburtliche genetische Untersuchungen zu medizinischen Zwecken 51

cc) Das Problem der Kurationsmöglichkeit 52

dd) Das Verhältnis zu den weiteren Tatbestandsmerkmalen 56

d) Ergebnisse 57

4. Fällt der Test auf fetale DNS im mütterlichen Blut unter § 25 Abs. 1 Nr. 3 i.V.m. § 15 Abs. 1 S. 1 GenDG? 57

5. Die Verbote des § 15 Abs. 1 S. 2 und Abs. 2 GenDG 60

III. Ergebnis 61

B. Die verfassungsrechtliche Relevanz eines Widerspruchs 61

3. Kapitel: Grundrechtliche Wertungen 63

A. Einleitung 63

B. Vorüberlegungen zur grundrechtlichen Schutzpflicht 64

C. Das Recht auf Leben des Ungeborenen 67

I. Das Ungeborene als Grundrechtsträger 67

1. Grundpositionen in der verfassungsgerichtlichen Rechtsprechung 68

2. Auslegung 70

a) Wortlaut 70

b) Systematische Auslegung 72

c) Historische Auslegung 73

d) Teleologische Auslegung 75

e) Beginn menschlichen Lebens im Sinne des Art. 2 Abs. 2 S. 1 GG 76

aa) Der soziologische Ansatz 77

bb) Interessenorientierte Ansätze 78

cc) Biologisch-physiologische Begründungsansätze 79

(1) Beginn des Hirnlebens 80

(2) Die Individuation 81

(3) Die Nidation 82

(4) Die Fertilisation 84

(5) Exkurs: die abgespaltene Zelle als Grundrechtsträger 85

dd) Zwischenergebnis 87

f) Ergebnis der Auslegung 87

3. Ergebnis zum Schutzbereich 87

II. Grundrechtsbeeinträchtigungen 88

1. Grundrechtsgefährdungen 89

a) Risiko und Wahrscheinlichkeit 90

b) Der sogenannte Selektionsautomatismus 92

aa) Statistische Erhebungen 93

bb) Schlussfolgerungen 94

c) Einwilligung ... 96
d) Zwischenergebnis ... 98
2. Zurechnung ... 98
a) Die Verantwortlichkeit des Staates ... 99
b) Private Verantwortlichkeit ... 102
III. Entgegenstehende Rechte ... 103
1. Die Menschenwürde ... 103
2. Die Fortpflanzungsfreiheit der Eltern ... 105
3. Das allgemeine Persönlichkeitsrecht der Eltern ... 107
a) Körpersphäre ... 108
b) Private Lebensgestaltung ... 109
4. Recht auf Leben und körperliche Unversehrtheit ... 113
5. Ergebnis der Abwägungen ... 115
IV. Erfüllung der Schutzpflicht durch § 25 Abs. 1 Nr. 3 i.V.m. § 15 Abs. 1 S. 1 GenDG ... 116
V. Schlussfolgerungen ... 118
D. Gleichheitsrechte ... 119
I. Vorüberlegungen zu der Dogmatik der Gleichheitsrechte ... 119
1. Die Grundrechtsfunktionen der Gleichheitsrechte ... 119
2. Das Ungeborene als Grundrechtträger von Gleichheitsrechten ... 121
II. Art. 3 Abs. 3 S. 2 GG ... 122
1. Persönliche Anwendungsvoraussetzungen ... 122
2. Sachliche Anwendungsvoraussetzungen ... 122
3. Ergebnis zu Art. 3 Abs. 3 S. 2 GG ... 124
III. Der allgemeine Gleichheitssatz ... 124
1. Anwendbarkeit ... 125
2. Feststellung einer Ungleichbehandlung von Gleichem ... 126
a) Gleichheit der Vergleichsgegenstände ... 126
aa) Grundlegende Eigenschaften des Ungeborenen ... 127
bb) Die Schutzbedürftigkeit des Ungeborenen ... 127
cc) Selektive Tendenz des Verfahrens ... 129
b) Ungleichbehandlung ... 131
c) Zwischenergebnis ... 132

3. Rechtfertigung der Ungleichbehandlung 132
4. Ergebnis zum allgemeinen Gleichheitssatz 135
IV. Ergebnisse zu den Gleichheitsrechten 136
E. Ergebnis 136

4. Kapitel: Widerspruchsfreiheit der Rechtsordnung 139
A. Der Begriff des Widerspruchs 140
B. Widerspruchsarten 141
I. Logische Widersprüche 141
II. Wertungswidersprüche 143
C. Verfassungsrechtliche Herleitung eines Gebots der Widerspruchsfreiheit 145
I. Rechtsstaatsprinzip 145
1. Die Elemente des Rechtsstaatsprinzips als Grundlage des Gebots der Widerspruchsfreiheit 146
2. Umfang des rechtsstaatlichen Gebots der Widerspruchsfreiheit 149
3. Ergebnis 151
II. Gleichheitsgrundsatz 151
D. Ergebnis 154

5. Kapitel: Abschließende Überlegungen 155
A. Zusammenfassung 155
B. Änderungsvorschläge 156

Literaturverzeichnis 161

Abkürzungsverzeichnis

a.A.	andere Ansicht
a.a.O.	am angegebenen Ort
Abs.	Absatz, Absätze
AGG	Allgemeines Gleichbehandlungsgesetz
AME-FMedG	Augsburg-Münchner-Entwurf eines Fortpflanzungsmedizingesetzes
AöR	Archiv des öffentlichen Rechts
Art.	Artikel
Aufl.	Auflage
BeckOK	Beck´scher Online-Kommentar
Bd.	Band
BGB	Bürgerliches Gesetzbuch
BGBl.	Bundesgesetzblatt
BGH	Bundesgerichtshof
BGHZ	Entscheidung des Bundesgerichtshofs in Zivilsachen
BSG	Bundessozialgericht
bspw.	beispielsweise
BT-Drucks.	Bundestagsdrucksache
BVerfG	Bundesverfassungsgericht
BVerfGE	Entscheidungen des Bundesverfassungsgerichts
bzw.	beziehungsweise
ders.	derselbe
dies.	dieselbe oder dieselben
DNA	deoxyribonucleic acid
DNS	Desoxyribonukleinsäure
DÖV	Die öffentliche Verwaltung
Dt.	Deutsch(es)
EGMR	Europäischer Gerichtshof für Menschenrechte
EMRK	Europäische Menschenrechtskonvention
ESchG	Gesetz zum Schutz von Embryonen (Embryonenschutzgesetz)
f./ff.	folgende
FamRZ	Zeitschrift für das gesamte Familienrecht mit Betreuungsrecht, Erbrecht, Verfahrensrecht, Öffentlichem Recht
FAZ	Frankfurter Allgemeine Zeitung
FG	Festgabe

Fn.	Fußnote
FS	Festschrift
GA	Goltdammer´s Archiv für Strafrecht
G-BA	Gemeinsamer Bundesausschuss
GenDG	Gesetz über genetische Untersuchungen bei Menschen (Gendiagnostikgesetz)
GesR	Gesundheitsrecht
GG	Grundgesetz
HStR	Handbuch des Staatsrechts
i.V.m.	in Verbindung mit
JA	Juristische Arbeitsblätter
JöR N.F.	Jahrbuch des öffentlichen Rechts der Gegenwart, Neue Folge
JR	Juristische Rundschau
Jura	Juristische Ausbildung
JuS	Juristische Schulung
JWE	Jahrbuch für Wissenschaft und Ethik
JZ	Juristenzeitung
KJ	Kritische Justiz
KritV	Kritische Vierteljahresschrift für Gesetzgebung und Rechtswissenschaft
lit.	littera (Buchstabe)
MedR	Medizinrecht
MüKo	Münchener Kommentar
m.w.N.	mit weiteren Nachweisen
NJOZ	Neue Juristische Online-Zeitschrift
NJW	Neue Juristische Wochenschrift
Nr.	Nummer/Nummern
NVwZ	Neue Zeitschrift für Verwaltungsrecht
NWVBl.	Nordrhein-Westfälische Verwaltungsblätter
NZS	Neue Zeitschrift für Sozialrecht
OLG	Oberlandesgericht
PID	Präimplantationsdiagnostik
PKV	Private Krankenversicherung
RdJB	Recht der Jugend und des Bildungswesens
RGSt.	Entscheidungen des Reichsgerichtshofs in Strafsachen
Rn.	Randnummer
Rspr.	Rechtsprechung
S.	Satz/Seite

s.	siehe
SGB	Sozialgesetzbuch
sog.	sogenannt
SozR	Sozialrecht
st. Rspr.	ständige Rechtsprechung
StGB	Strafgesetzbuch
StZG	Gesetz zur Sicherstellung des Embryonenschutzes im Zusammenhang mit Einfuhr und Verwendung menschlicher embryonaler Stammzellen
TPG	Gesetz über die Spende, Entnahme und Übertragung von Organen und Geweben (Transplantationsgesetz)
u.a.	und andere
v.	von/vom
VersR	Versicherungsrecht
vgl.	vergleiche
WHO	World Health Organisation
z.B.	zum Beispiel
ZfL	Zeitschrift für Lebensrecht
ZfP	Zeitschrift für Politik
ZRP	Zeitschrift für Rechtspolitik

1. Kapitel: Einführung

A. Problemaufriss und Zielvorgabe

Die Markteinführung eines neuartigen Verfahrens der vorgeburtlichen Diagnostik – der sogenannte Test auf fetale DNS im mütterlichen Blut – gab Anlass, den Regelungskomplex der Frühdiagnostik in seiner Gesamtheit noch einmal grundlegend zu überdenken. In wohl kaum einem anderen Themenfeld stößt man auf so viele Grundsatzfragen wie in diesem. Demgemäß sind Debatten in diesem Bereich von weit auseinanderklaffenden Grundpositionen geprägt, die nicht selten mit den Emotionen der Autoren aufgeladen werden.[1] Die Zerrissenheit der Debatte zeigt sich, wenn auf der einen Seite in grundrechtlich hoch sensiblen Bereichen mit „knappen Kassen"[2] argumentiert wird und auf der anderen Seite schon Begriffen wie der „Mutterschaftsvorsorge" eine „euphemistisch-einäugige"[3] Logik attestiert wird.

Die Entscheidung, präimplantive oder pränatale Diagnostik (Frühdiagnostik) in Anspruch zu nehmen und anschließend gegebenenfalls einen Schwangerschaftsabbruch vornehmen zu lassen, ist wohl mehrheitlich durch den nachvollziehbaren Wunsch nach gesundem Nachwuchs motiviert, wenngleich weitere Beweggründe maßgeblich sein können.[4] Gleichwohl wird der gegenwärtigen und gesetzgeberisch akzeptierten Praxis[5] bisweilen eine „nicht unerhebliche gesellschaftliche Intoleranz gegenüber krankem und behindertem Nachwuchs"[6] vorgeworfen. Nicht vergessen werden darf indessen, dass aus subjektiver Perspektive der Betroffenen die Geburt eines behinderten oder gar toten Kindes nicht nur ganz erhebliche Folgen psychischer und lebensplanerischer Natur nach sich zieht, sondern oftmals mit großem persönlichen Leid aller Beteiligten verbunden ist.

---

1 So etwa bei *Menasse*, Der Spiegel 2010, Nr. 44, S. 140 ff.

2 *Mildenberger*, MedR 2002, 293 (300).

3 *Duttge* in: Duttge/Engel/Zoll, „Behinderung" im Dialog zwischen Recht und Humangenetik, S. 1.

4 Zu religiösen Einflüssen *Kreß*, FS Hufen 2015, 43 (44 ff.).

5 So *Middel*, Verfassungsrechtliche Fragen der PID, S. 169

6 *Riha*, in: Schumann: Verantwortungsbewusste Konfliktlösungen bei embryopathischem Befund, S. 57.

Betrachtet man die gegenwärtige Praxis, so fällt auf, dass die diagnostischen Möglichkeiten in einem Missverhältnis zu den therapeutischen Optionen stehen.[7] Das bedeutet, dass eine Vielzahl gängiger Untersuchungen Erkrankungen abklären soll, die sich nicht behandeln lassen. So steht seit jeher etwa die Trisomie 21 (Down-Syndrom) im Fokus der Frühdiagnostik, deren Heilbarkeit aber außerhalb des gegenwärtig Möglichen liegt. Die gewonnenen Erkenntnisse führen deshalb oftmals zu einer Entscheidung darüber, ob das Kind mit seiner individuellen genetischen Ausstattung eine Daseinsberechtigung hat oder ob es aufgrund des möglicherweise bevorstehenden Leids getötet werden soll. Die Pränataldiagnostik wird deshalb sogar in der medizinischen Literatur als „Test auf Leben und Tod" bezeichnet.[8] Die Kritik am Auseinanderdriften von Diagnosemöglichkeiten und Therapierbarkeit ist zwar nicht neu,[9] gleichwohl führte auch der Erlass des Gesetzes über genetische Untersuchungen bei Menschen (Gendiagnostikgesetz - GenDG) im Jahre 2009 nur zu äußerst geringen Veränderungen in der Praxis. Teilweise wird angenommen, dass die Regelungen des GenDG die Schwangere dazu motivieren würden, die Möglichkeiten der Pränataldiagnostik in Anspruch zu nehmen.[10]

Richtet man seinen Blick hingegen auf die Präimplantationsdiagnostik, ergibt sich ein ganz anderes Bild. Denn die Zulässigkeit der Präimplantationsdiagnostik war zunächst hoch umstritten. Zumindest aber seit dem Inkrafttreten der gegenwärtigen Regelung in § 3a des Gesetzes zum Schutz von Embryonen (Embryonenschutzgesetz - ESchG) im Jahre 2011, unterliegt die Vornahme der Präimplantationsdiagnostik stark begrenzenden Vorgaben. Die Neuregelung der Präimplantationsdiagnostik wird mitunter gar als erster Schritt zur umfassenden Korrektur des mangelhaften Schutzes ungeborenen Lebens im Regelungskomplex von ESchG, GenDG und StGB verstanden.[11]

Dieses uneinheitliche Bild ist Ausgangspunkt aller nachfolgenden Überlegungen und Ansatzpunkt einer häufig geäußerten Kritik, dass zwischen dem Verbot der Präimplantationsdiagnostik und der Möglichkeit eines Schwangerschaftsabbruchs nach auffälliger Pränataldiagnostik eine „eklatante Inkonsistenz"[12]

---

7 *Duttge* in: Duttge/Engel/Zoll, „Behinderung" im Dialog zwischen Recht und Humangenetik, S. 1.

8 *Schaaf/Zschocke*, Basiswissen Humangenetik, S. 234.

9 *Laufs*, MedR 1990, 231 (231).

10 *Czerner*, ZRP 2009, 233 (236).

11 Vgl. *Hillgruber*, ZfL 2011, 47 (51).

12 *Dreier*, Bioethik, S. 77.

bestehe.[13] Die Vermutung eines „Wertungswiderspruchs" resultiert daraus, dass die gegenwärtige Rechtslage offenbar das Ungeborene in vitro (lat. für „im Glas") umfassend schützt, das Ungeborene in vivo (lat. für „im Lebendigen"; gemeint ist im Mutterleib) hingegen im Hinblick auf genetische Untersuchungen und anschließende Schwangerschaftsabbrüche weitgehend schutzlos belässt. Die präimplantive und die pränatale Diagnostik werden in der rechtswissenschaftlichen Literatur nicht nur regelmäßig im Zusammenhang mit dem Schwangerschaftsabbruch gesehen, vielmehr wird die Zulässigkeit der Untersuchung oftmals von der Zulässigkeit des Schwangerschaftsabbruchs abhängig gemacht.[14] Teilweise wird der Wertungswiderspruch sogar zum Hauptargument, um dem Embryo in vitro die Schutzwürdigkeit sowohl im Sinne des Art. 1 Abs. 1 GG als auch im Sinne des Art. 2 Abs. 2 S. 1 GG abzusprechen.[15] Ob die einfachen Gesetze untereinander oder lediglich verfassungsrechtliche Normierungen verbindliche Vorgaben für weitere Regelungen aufstellen,[16] wird noch zu zeigen sein.

Einen Wertungswiderspruch zwischen dem Verbot der Präimplantationsdiagnostik und der Möglichkeit eines Schwangerschaftsabbruchs nach erfolgter Pränataldiagnostik gemäß § 218 ff. StGB anzunehmen, führt mitunter zu Missverständnissen, die durch eine differenziertere Betrachtungsweise vermieden werden sollen.

Eine Differenzierung, die schon an dieser Stelle vorgenommen werden kann, ergibt sich daraus, dass die Regelung des Schwangerschaftsabbruchs der Tötung eines Ungeborenen einen gesetzlichen Rahmen gibt. Demgegenüber haben die Regelungen der Präimplantationsdiagnostik und der Pränataldiagnostik Untersuchungshandlungen zum Gegenstand.[17] Die vorliegende Arbeit beschränkt sich deshalb auf einen möglichen Wertungswiderspruch zwischen dem Verbot der präimplantiven und der Zulässigkeit der pränatalen Diagnostik.

Eine Analyse der Regelung des Schwangerschaftsabbruchs hingegen soll in Anbetracht der umfangreichen rechtswissenschaftlichen Bearbeitung dieses Themas unterbleiben. Ohne die Regelung des Schwangerschaftsabbruchs zu

---

13 *Taupitz* in: Günther/Taupitz/Kaiser ESchG, B.III., Rn. 27, m.w.N.; *Eser* in: Schönke/Schröder StGB, Vorbem. § 218, Rn. 11, m.w.N.; Nationaler Ethikrat, Zum Import menschlicher embryonaler Stammzellen, S. 19 ff.; *Sowada*, GA 2011, 389 (398); *Ipsen*, NJW 2004. 268 (269); vgl. auch EGMR GesR 2012, 736.

14 So etwa *Bernat* in: Kern et al., FS für Laufs 2006, S. 671 (687 f.).

15 *Torbohm*, Genetische Informationen im Familienverbund, S. 102 ff.

16 *Hillgruber*, ZfL 2011, 47.

17 Vgl. dazu *Schneider/Woopen*, JWE 2005, 325 (325 f.).

hinterfragen, darf der mögliche Zusammenhang von Untersuchung und Tötung nicht unberücksichtigt bleiben.

Die hier vorgenommene Differenzierung ist freilich erst durch die gegenwärtige Rechtslage möglich geworden. Da diese aber nunmehr seit 2011 besteht, ist eine Analyse des möglicherweise widersprüchlichen Regelungskomplexes der Frühdiagnostik dringend geboten und ist mit der hier vorgenommenen Präzisierung in der Literatur bislang nicht erfolgt. Die vorliegende Arbeit bemüht sich, diesen Beitrag zu leisten.

Bemerkenswert ist darüber hinaus, dass sich die Kritik an der gegenwärtigen Rechtslage flächendeckend mit dem Befund dieses Wertungswiderspruchs begnügt, ohne daraus verfassungsrechtliche Konsequenzen für die scheinbar widersprüchlichen Regelungen abzuleiten. Im Fokus der Untersuchung soll deshalb insbesondere die verfassungsrechtliche Relevanz des möglichen Wertungswiderspruchs stehen.

B. Biologisch-medizinische und ethische Grundlagen

Im folgenden Abschnitt sollen einige außerrechtliche Grundlagen erörtert werden, die zum Verständnis der Gesamtproblematik hilfreich sind. Die biologischen und medizinischen Grundlagen dieser Arbeit sind Ausfluss deskriptiver Wissenschaft. Sie unterscheiden sich dabei von den hier angestellten Überlegungen zur normativen Ethik und auch von der normativen Rechtswissenschaft grundlegend dadurch, dass erstere beschreiben was ist, letztere hingegen hinterfragen was sein soll. Die argumentative Verknüpfung des Seins mit dem Sollen bereitet – wie sich auch im rechtswissenschaftlichen Teil noch zeigen wird – nicht selten Schwierigkeiten. Denn das was ist kann nicht als Begründung für das ausreichen, was sein soll. Doch dazu später mehr.

I. Biologisch-medizinische Grundlagen

1. Grundlagen der Genetik

Die Genetik hat sich seit der Entdeckung der DNS-Doppelhelix durch Watson und Crick im Jahre 1953 zu einem Grundlagenfach der Medizin entwickelt. 50 Jahre nach dieser Errungenschaft konnte 2003 die Sequenz von 99,99 % des menschlichen Genoms entschlüsselt werden.

Die neu gewonnenen Möglichkeiten der Diagnostik tragen zu der Erkennung genetischer Erkrankungen bei und beeinflussen so nahezu alle Medizinbereiche. Genetische Erkrankungen treten in allen Lebensabschnitten auf. Schätzungen zufolge weist die Hälfte aller befruchteten Eizellen eine numerische

Chromosomenstörung auf und stirbt unbemerkt ab. Eine Fehlgeburt wird in der Frühphase der Schwangerschaft häufig nur als verstärkte Regelblutung wahrgenommen. Jede sechste Schwangerschaft, sofern sie medizinisch-diagnostisch als solche festgestellt werden konnte, führt zu einer Fehlgeburt, wovon jede zweite wiederum auf eine Chromosomenstörung zurückzuführen ist. Im Kindesalter haben genetische Erkrankungen erheblichen Einfluss auf die Mortalität. Mindestens jede zweite Lernschwäche im Kindesalter ist durch genetische Ursachen bedingt. Häufige Erkrankungen im Erwachsenenalter, beispielsweise Krebs und Herzkrankheiten, stehen nach neueren Erkenntnissen in engem Zusammenhang mit genetischen Voraussetzungen.[18]

a) Chromosomen

Die Chromosomen enthalten beim Menschen und bei allen anderen Lebewesen die Erbinformation. Im Kern jeder Zelle lassen sich nach der Replikation 23 übereinstimmende Paare also insgesamt 46 Chromosomen finden. Die als Keimzellen bezeichneten Spermien und Eizellen weisen lediglich einen einfachen Chromosomensatz auf. Beim Mann sind im Gegensatz zur Frau die beiden Geschlechtschromosomen, die als Gonosomen bezeichnet werden, nicht verschieden. Männer haben aufgrund des mikroskopischen Bildes ein sogenanntes X- und ein Y-Chromosom, Frauen haben hingegen zwei X-Chromosomen. Alle anderen Chromosomen werden Autosomen genannt. Bei der Befruchtung entsteht aus den einfachen (haploiden) Chromosomensätzen der Keimzellen ein doppelter (diploider) Chromosomensatz. Jeweils ein Chromosom eines homologen Chromosomenpaares des Embryos stammt von der Mutter und eins vom Vater. Die Chromosomen bestehen aus DNS-Doppelsträngen, die in Proteinen (Histonen) verpackt sind.[19]

b) Die DNS

Die Desoxyribonukleinsäure (DNS) ist die Trägerin der Erbinformation. Die molekulare Struktur der fadenförmigen Doppelhelix setzt sich aus zwei komplementären Nukleotidketten zusammen, die jeweils aus einer Base, einem Zucker-Rest und einer Phosphatgruppe bestehen. Die Basen sind die eigentlichen Träger der Erbinformation. Sie liegen in vier Formen (Adenin, Guanin, Thymin, und Cytosin) vor. Bestimmte Abschnitte dieser Basenabfolge werden als Gen bezeichnet und enthalten die Information für die Genprodukte. Dies sind im wesentlichen Proteine, die den zentralen „Baustoff" des Organismus darstellen. Die Gesamtheit

---

18 *Schaaf/Zschocke*, Basiswissen Humangenetik, S. 3 f.
19 *Buselmaier/Tariverdian*, Humangenetik, S. 96 ff.

des genetischen Materials wird als Genom definiert. Etwa 5 % der DNS codiert für Proteine. Bisher ist die Funktion von 95 % sogenannter nichtcodierender DNS nicht bekannt.[20]

c) Mutationen

Mutationen sind genetische Veränderungen die verhältnismäßig häufig auftreten. So sind bei jeder befruchteten Eizelle etwa 100 Punktmutationen nachweisbar, die nicht von den Eltern geerbt wurden, wovon allerdings nicht alle erkennbare Auswirkungen etwa in Form einer Fehlbildung haben.

Genetische Veränderungen werden biologisch in zwei Mutationstypen eingeteilt: Chromosomenstörungen und Genmutationen. Bei Genmutationen ist die Funktion einzelner Gene verändert. Dieser Typ spielt im vorliegenden Kontext eine untergeordnete Rolle. Von größerer Relevanz sind hier die Chromosomenstörungen. Bei diesem Typ kommt es zu einer Veränderung der Zahl oder seltener der Struktur der Chromosomen. Beide Mutationstypen können schon bei der befruchteten Eizelle vorliegen, also Bedeutung für jeden Zelltyp entfalten, oder sich erst im Laufe der Entwicklung ausbilden, mithin nur bestimmte Zelltypen betreffen, aus denen sich dann beispielsweise Tumore entwickeln können. Von größerem Interesse sind vorliegend diejenigen Mutationen, die schon bei der befruchteten Eizelle vorliegen und jene die bereits in einem frühen Entwicklungsstadium auftreten.

Zahlenmäßige Chromosomenstörungen (z.B. Trisomie 16 oder Trisomie 22) führen am häufigsten zu genetischen Erkrankungen, die oftmals schon in frühen Stadien der Schwangerschaft zum Fruchttod führen. Ohne Berücksichtigung der unbemerkt abgestorbenen Embryonen führt jede sechste Schwangerschaft zu einem Spontanabort, von denen bis zu 60 % auf einer Chromosomenstörung beruhen. Eins von 400 Neugeborenen weist eine mit dem Leben zu vereinbarende Chromosomenstörung auf. Das Risiko für eine zahlenmäßige Chromosomenstörung nimmt jedoch mit dem Alter der Mutter zu. So liegt das Risiko für eine zahlenmäßige Chromosomenstörung bei einer 30-jährigen Frau noch bei 0,2 %, steigt im Alter von 35 Jahren auf 0,5 % und beträgt mit 38 Jahren schon etwa 1 %. Eine 45-jährige Frau empfängt in etwa vier von 100 Fällen ein Kind mit einer zahlenmäßigen Chromosomenstörung. Folglich ist das Kind einer Frau diesen Alters mit einer Wahrscheinlichkeit von über 95 % gesund. Diese Zahlen beziehen sich allerdings nur auf lebensfähige Chromosomenstörungen. Durch

20 *Schaaf/Zschocke*, Basiswissen Humangenetik, S. 6 ff.

Pränataldiagnostik werden regelmäßig jedoch auch die Chromosomenstörungen erkannt, die zum intrauterinen Fruchttod führen.

Die bedeutsamsten zahlenmäßigen Chromosomenstörungen sind Trisomien, wenn also ein Chromosom dreifach vorhanden ist, und Monosomien, wenn ein Chromosom fehlt. Kinder mit Trisomien der Chromosomen 13 (Pätau-Syndrom), 18 (Edwards-Syndrom), 21 (Down-Syndrom) oder der Geschlechtschromosomen sind grundsätzlich lebensfähig. Monosomien führen in aller Regel zu einem Abbruch der Schwangerschaft. Die einzige Monosomie die nicht zwangsläufig zu einem Abort führt, ist die des X-Chromosoms (Turner-Syndrom), wenngleich auch dieses Syndrom eine hohe spontane Abortrate aufweist.[21]

2. *Embryonalentwicklung*

Die nachfolgenden Ausführungen sollen einen Überblick über die menschliche Entwicklung von den Keimzellen bis zur Geburt geben.

a) Gametogenese

Die Embryonalentwicklung nimmt aus biologischer Sicht ihren Anfang mit der Verschmelzung der Keimzellen, die auch Gameten genannt werden. Das männliche Spermium verschmilzt mit der weiblichen Eizelle, um sich durch die nachfolgende Rekombination des Erbmaterials zu einem neuen Organismus, der Zygote, zu entwickeln. Um jedoch die Befruchtung zu ermöglichen, bedarf es zunächst der Bildung von Gameten. Schon ab der dritten Woche der Embryonalentwicklung werden die sogenannten Urkeimzellen oder Urgeschlechtszellen von den Körperzellen separiert und wandern anschließend in die sich ausbildenden Eierstöcke bzw. Hoden. Aus diesen Urgeschlechtszellen entwickeln sich die Keimzellen. Die weiblichen Keimzellen erfahren in der sogenannten Oogenese eine Veränderung ihrer äußeren Form durch Vermehrung ihres Zytoplasmas (Zellflüssigkeit), wobei sie sich vergrößern. Die männlichen Keimzellen verlieren demgegenüber in der Spermatogenese ihr Zytoplasma und bilden Kopf, Hals und Schwanz aus. Beiden Gameten ist jedoch gemein, dass ihre Chromosomensätze nicht in doppelter Ausführung vorliegen, sondern nur in einfacher also aus 23 Chromosomen bestehen. Diese Reduktion in der sogenannten Meiose (Reifeteilung) ist erforderlich, damit sich die beiden einfachen Chromosomensätze der Keimzellen zu einem neu kombinierten doppelten Chromosomensatz zusammenfügen können.[22]

---

21 *Schaaf/Zschocke*, Basiswissen Humangenetik, S. 40 ff.

22 *Knabl/Steldinger/Klosterhalfen* in: Weyerstahl/Stauber Gynäkologie und Geburtshilfe, S. 437.

b) *Die Fertilisation*

Die Befruchtung oder Fertilisation wird wiederum in verschiedene Abschnitte unterteilt. Der erste Abschnitt wird bisweilen als Imprägnation bezeichnet. Noch auf dem Weg vom Eierstock zur Gebärmutter können im Eileiter nun ein oder (sehr selten) mehrere Spermien in die Eizelle eindringen. Dringen etwa zwei Spermien in die Eizelle ein, sterben die Embryonen aufgrund zweier Zellkerne relativ schnell ab. Dieser Vorgang wird jedoch regelmäßig durch eine Reaktion in der Zona pellucida (Eihülle) verhindert. Es können auch mehrere reife Eizellen entstehen, was zu einer Mehrlingsschwangerschaft führen kann. Das eindringende Spermium enthält einen haploiden Chromosomensatz und damit nur ein Geschlechtschromosom, entweder ein X- oder ein Y-Chromosom, das bekanntermaßen über das Geschlecht des neuen Organismus bestimmt.

Auf die Imprägnation folgt das Vorkernstadium, in dem die Chromosomen der sich angenäherten Vorkerne redupliziert werden. Dies ist wiederum Voraussetzung für den letzten Schritt.

Nach dem Auflösen der Kernmembranen ordnen sich die Chromosomen beider Vorkerne in einer gemeinsamen Spindel an. Es besteht mithin ein neu kombinierter diploider Chromosomensatz, der je einen homologen Chromosomensatz der Mutter und des Vaters enthält. Eine initiale Zellteilung schließt sich an.[23]

c) *Die Blastozyste*

Die Zygote hat also inzwischen zwei Zellen, die sich in der Folge mehrfach teilen. Etwa nach drei Tagen ist bereits ein 16-Zellen-Stadium erreicht. Die immer kleiner werdenden Zellen werden als Blastomeren bezeichnet. Dabei unterscheiden sich bald äußere und innere Zellen. Aus den inneren Zellen, dem Embryoblast, entwickelt sich der eigentliche Embryo. Der aus den äußeren Zellen gebildete Trophoblast entwickelt sich hingegen zu Plazenta (Mutterkuchen) und Eihäuten. Die Gebärmutter wird von den Blastomeren frühestens im Zwölf-Zell-Stadium erreicht. Dann hat sich die Zona pellucida aufgelöst und eine Blastozystenhöhle entsteht. Die Blastozyste nistet sich zwischen dem fünften und sechsten Tag in der Gebärmutterschleimhaut ein (Nidation).[24]

---

23 *Ulfig*, Kurzlehrbuch Embryologie, S. 14 ff.

24 *Sadler*, Medizinische Embryologie, S. 57 ff.

d) Embryonalperiode

In dem als Embryonalperiode bezeichneten Entwicklungsabschnitt werden von der vierten bis zur achten Schwangerschaftswoche die Organe angelegt. Diese Periode ist für die weitere Entwicklung von entscheidender Bedeutung und sehr anfällig für Fehlbildungen.[25]

e) Fetalperiode

Die Fetalperiode erstreckt sich vom dritten Monat bis zur Geburt. Sie zeichnet sich insbesondere durch das Größenwachstum des Fetus und die Ausreifung der Organsysteme aus. Im Verlauf des dritten bis fünften Monats ist der Längenzuwachs am größten, die Leibesfrucht wächst dann etwa fünf Zentimeter im Monat. Die überwiegende Gewichtszunahme erfolgt hingegen erst im achten und neunten Monat (etwa 700 Gramm monatlich). In den letzten beiden Monaten entwickelt der Fetus also fast die Hälfte seines Geburtsgewichts.

Kindsbewegungen werden von der Mutter in der Regel ab dem fünften Monat wahrgenommen. Extrauterine Lebensfähigkeit besteht frühestens im Laufe des sechsten Monats und ist insbesondere vom Entwicklungsstand der Vernetzung des Nervensystems mit der Lunge abhängig.[26]

3. Präimplantationsdiagnostik

Die Präimplantationsdiagnostik setzt die Vornahme einer In-vitro-Fertilisation, also einer extrakorporalen Befruchtung, voraus. Dafür werden Eizelle und Samenzelle in einer Petrischale zusammengeführt. Der Befruchtungsvorgang kann eigenständig geschehen oder durch Spermieninjektion unterstützt werden. Die Erfolgsrate für die Befruchtung liegt bei ca. 70 %.[27] Der entstehende Embryo kann nunmehr noch vor dem Transfer in den Mutterleib im Hinblick auf seine genetischen Eigenschaften untersucht werden. Dabei sind im Wesentlichen zwei Verfahren zu unterscheiden: die Blastomerenbiopsie und die Trophektodermbiospie. Bei ersterer werden totipotente Zellen des Embryos untersucht. Der Begriff der Totipotenz bezeichnet die Fähigkeit, sich zu einem vollständigen Organismus zu entwickeln. Im Blastozystenstadium können dem Embryo hingegen Zellen des Trophektoderms entnommen werden, die sich im weiteren Verlauf zur Plazenta

---

25 *Moore/Persaud*, Embryologie, S. 91 ff.

26 *Sadler*, Medizinische Embryologie, S. 121 ff.

27 *Hinrichsen/Stauber*, Weyerstahl/Stauber Gynäkologie und Geburtshilfe, S. 428.

entwickeln und lediglich pluripotent sind, mithin keinen vollständigen Organismus mehr entwickeln, aber jeden Zelltyp ausbilden können.[28]

4. Pränataldiagnostik

Die Pränataldiagnostik nahm ihren Anfang mit der ersten Fruchtwasseruntersuchung im Jahre 1966. Durch die Entnahme von Fruchtwasserzellen und anschließende Analyse der Chromosomen konnten nunmehr Aussagen über den Gesundheitszustand des Ungeborenen getroffen werden. In den letzten 50 Jahren wurden auf dem Gebiet der Pränataldiagnostik enorme Fortschritte gemacht. Invasive und nichtinvasive Untersuchungsmethoden in Zusammenarbeit von Frauenheilkunde und Humangenetik gehören inzwischen zur medizinischen Routine.

Bei jeder Schwangerschaft liegt das Basisrisiko für Erkrankungen des Kindes bei ca. 3 %. Dieses Basisrisiko wird durch Faktoren wie etwa Drogenkonsum oder eine Zwillingsschwangerschaft erhöht.[29]

Neben der Unterscheidung von invasiven und nichtinvasiven vorgeburtlichen Untersuchungsmethoden wird in der Praxis zwischen Screenings und Diagnostik unterschieden.[30] Während Screenings lediglich Wahrscheinlichkeitsangaben über genetische Erkrankungen zulassen, kann durch diagnostische Verfahren eine sichere Aussage getroffen werden. Abgrenzungskriterium ist also die Genauigkeit der Untersuchungsmethode. Bisweilen wird die Genauigkeit bestimmter Screenings allerdings als „diagnostisch" bezeichnet.[31] Diese Unterscheidung auf statistischer Basis führt in der Praxis zu Konflikten bei der Anwendung des Gendiagnostikgesetzes.

a) Nichtinvasive Untersuchungsmethoden

Zu den nichtinvasiven Verfahren gehören Ultraschalluntersuchungen, das Ersttrimesterscreening und der Test auf fetale DNS im mütterlichen Blut.

Die sonographischen Untersuchungen werden routinemäßig in der 10., 20. und 30. Schwangerschaftswoche vorgenommen. Die erste Untersuchung dient

28 *Hinrichsen/Stauber*, Weyerstahl/Stauber Gynäkologie und Geburtshilfe, S. 430 f.; *Müller-Terpitz* in: Spickhoff, Medizinrecht, § 3a ESchG, Rn. 6 f.

29 *Schaaf/Zschocke*, Basiswissen Humangenetik, S. 223.

30 *Kagan/Eiben/Kozlowski*, Ultraschall 2014, 229.

31 Deutsches Ärzteblatt, 10.213 News Medizin, Freitag 7. Juni 2013, abrufbar unter: http://www.aerzteblatt.de/nachrichten/54706/Trisomien-Bluttest-ist-konventionellem-Screening-in-Studie-ueberlegen, letzter Zugriff: 11.08.2015.

dem Nachweis einer intakten Schwangerschaft, der Bestimmung des Schwangerschaftsalters und auch der Untersuchung etwaiger Entwicklungsstörungen des Embryos.[32]

Von besonderer Bedeutung ist am Ende des ersten Trimenons (die Schwangerschaft wird in drei Abschnitte/Trimenons zu je 13 Wochen eingeteilt) die sogenannte Nackentransparenzmessung, bei der eine Flüssigkeitsansammlung im Nackenbereich des Embryos Wahrscheinlichkeitsangaben im Hinblick auf genetische Störungen zulässt. So kann beispielsweise das altersabhängige Risiko für eine Trisomie 21 bei einer Nackentransparenz von 5 mm (Norm 0,5–2,3 mm) bis zu 30-fach gesteigert sein. Ein noch höherer Wert kann auf eine Trisomie 13 oder 18 hindeuten.[33]

Die Untersuchung im zweiten Trimenon zielt insbesondere auf das fetale Wachstum, die Organentwicklung, die Fruchtwassermenge und die Lage der Plazenta. Werden im Rahmen der Standarduntersuchung diesbezüglich Auffälligkeiten festgestellt, kann mittels ergänzender hochauflösender Verfahren zwar eine hohe, jedoch keine endgültige Zuverlässigkeit der Untersuchung hergestellt werden.[34]

Im dritten Trimenon werden im wesentlichen Wachstumsretardierungen untersucht und Gewichtsschätzungen vorgenommen.[35]

Biochemische Untersuchungen im Rahmen des veralteten Triple-Tests und beim aktuelleren Ersttrimesterscreening bestimmen die Wahrscheinlichkeit genetischer Störungen des Ungeborenen anhand von der Norm abweichender Proteinwerte im Blut der Schwangeren, die von der Plazenta beeinflusst werden. Die Kombination biochemischer Tests mit der sonographischen Nackentransparenzmessung erhöht die Zuverlässigkeit der Untersuchung. Das Ersttrimesterscreening kann ab der neunten Schwangerschaftswoche eingesetzt werden. Die Zuverlässigkeit der Tests in Kombination wird für die Trisomie 21 mit bis zu 90 % angegeben. Bei diesem Verfahren besteht eine Rate falsch positiver Ergebnisse von 3,4 %.[36]

Bei einem noch recht neuen nichtinvasiven pränatalen Test wird zellfreie DNS des Embryos, die im Blut der Mutter zirkuliert, analysiert. Das Verfahren ermöglicht eine Aussage über das Vorliegen bestimmter Chromosomenstörungen und

32 *Scholz/Lato* in: Gätje et al., Kurzlehrbuch Gynäkologie und Geburtshilfe, S. 414 f.

33 *Schaaf/Zschocke*, Basiswissen Humangenetik, S. 227.

34 *Schaaf/Zschocke*, Basiswissen Humangenetik, S. 227.

35 *Kästner/Stauber/Schramm/Grubert/Staiger* in: Weyerstahl/Stauber Gynäkologie und Geburtshilfe, S. 490 ff.

36 *Nicolaides*, Ultrasound in Obstetrics and Gynecology, 2013 (42), 34.

zukünftig auch weiterer genetischer Auffälligkeiten auf DNS-Ebene. Es soll derzeit insbesondere nach einem auffälligen Ersttrimesterscreening Anwendung finden. Bei dem Testverfahren kommt es zu einer Rate falsch positiver Ergebnisse von nur 0,1 %.[37]

b) Invasive Untersuchungsmethoden

Um nicht nur mehr oder weniger genaue Wahrscheinlichkeitsangaben machen zu können, werden embryonale Zellen benötigt, anhand derer genaue Angaben zum Vorliegen genetischer Erkrankung gemacht werden können. Bei der Entnahme der Zellen durch Punktion kann es zu Komplikationen wie Infektionen, Blutungen, vorzeitige Wehen und Fehlgeburt kommen. Die Entscheidung für die Durchführung einer invasiven Pränataldiagnostik hängt aus der Sicht des Mediziners von verschiedenen Faktoren ab. Das Risiko einer genetischen Störung, der therapeutische Nutzen oder die Möglichkeit eines Schwangerschaftsabbruchs werden als Gründe für eine invasive Diagnostik angeführt.[38]

Bei der Chorionzottenbiospie, die ab der zehnten bis elften Schwangerschaftswoche durchgeführt werden kann, wird mittels einer Spinalnadel von außen durch die Bauchdecke oder über den Muttermund bei gleichzeitiger Ultraschallüberwachung Gewebe der äußeren Schicht der Fruchthülle entnommen und im Labor analysiert. Die Chromosomenanalyse dauert wenige Tage (Kurzzeitkultur) und das eingriffsbedingte Fehlgeburtsrisiko beträgt ca. 1 %.[39]

Die Amnionzentese (Fruchtwasserpunktion) ist frühestens ab der 14. Schwangerschaftswoche durchführbar. Auch bei dieser Methode wird durch die Bauchdecke punktiert und Fruchtwasser entnommen. Die entnommenen Zellen müssen jedoch länger kultiviert werden. Untersuchungsergebnisse liegen nach ca. zwei Wochen vor. Das eingriffsbedingte Fehlgeburtsrisiko beträgt ca. 0,4-1 %.[40]

Noch später, nämlich ab der 20. Schwangerschaftswoche, lässt sich eine Chordozentese (Nabelschnurpunktion) durchführen. Diese zielt jedoch primär auf fetale Infektionen ab und ist vorliegend von untergeordneter Bedeutung. Die Chordozentese erhöht das Fehlgeburtsrisiko um bis zu 2 %.[41]

---

37 *Nicolaides*, Ultrasound in Obstetrics and Gynecology, 2013 (42), 34.

38 *Schaaf/Zschocke*, Basiswissen Humangenetik, S. 166.

39 *Murken/Kainer* in: Murken et al., Humangenetik, S. 412 ff.

40 *Kästner/Stauber/Schramm/Grubert/Staiger* in: Weyerstahl/Stauber Gynäkologie und Geburtshilfe, S. 505.

41 *Schaaf/Zschocke*, Basiswissen Humangenetik, S. 232.

5. *Therapie in utero*

Die im Fokus der pränatalen Diagnostik stehenden Chromosomenstörungen sind überwiegend weder prä- noch postnatal heilbar. Gleichwohl gibt es Erkrankungen, die schon in utero behandelt werden können. Dies kommt etwa beim Andrenogenitalen Syndrom in Betracht, bei dem der Embryo schon im Mutterleib medikamentös therapiert wird.[42]

II. Ethisch-philosophische Grundlagen

Zum Verständnis der zu untersuchenden Problematik ist die Erörterung einiger ethisch-philosophischer Grundlagen erforderlich. Denn einige von der Rechtswissenschaft bemühte Argumente, die wesentlich zur Entscheidung über die Kernfrage nach dem Beginn des Lebensschutzes beitragen, stammen aus der Ethik. Gleichwohl soll der nachfolgende Abschnitt nur einen kurzen Überblick geben.

1. *Einleitende Vorbemerkungen*

Die von Aristoteles begründete Ethik ist ein Zweig der Philosophie und lässt sich in „einem allgemeinen Verständnis [...] als philosophische Reflexion auf Moral verstehen."[43] Moral bildet „im weiteren Sinn einen der Willkür der einzelnen entzogenen Komplex von Handlungsregeln, Wertmaßstäben, auch Sinnvorstellungen."[44] Die biomedizinische Entwicklung hat die sogenannte Bioethik als Teilgebiet der Ethik hervorgebracht.[45]

Mit dem vorgeburtlichen Leben befassten sich bereits die Philosophen der Antike. Schon früh wurde die Vorstellung der stufenweisen Menschwerdung in Form des Sukzessivbeseelungsgedankens modelliert und von der Theologie bis in die Neuzeit fortgeführt.

Aristoteles (427–347 v. Chr.) ging von einer dreistufigen Beseelung aus. Die anfänglich vorhandene vegetative Pflanzenseele gehe am 40. Tag post conceptionem (bei weiblichen Ungeborenen am 90. Tag post conceptionem) zu einer empfindungsfähigen Tierseele über und werde schließlich mit der Geburt zu einer göttlicher Herkunft entstammenden Geistseele mit Bewusstsein. Mit dem

---

42 Kritisch jedoch dazu *Aurenque/Wiesing*, Deutsches Ärzteblatt 2012 (48), 2411 f.

43 *Düwell* et. al. in: Düwell et. al. Handbuch Ehtik, S. 2; vgl. auch *Schmidt-Jortzig* in: Igl/Welti Gesundheitsrecht, Rn. 1434.

44 *Höffe*, Lexikon der Ethik, S. 211.

45 *Korff*, Lexikon der Bioethik, Band 1, S. 7.

Einsetzen der Empfindungsfähigkeit sollte nach Aristoteles die Abtreibung verboten sein.[46] Diese Ansicht spiegelte sich allerdings nicht in der damaligen Abtreibungspraxis wider.[47]

Im römischen Recht unterstand das Ungeborene der Hausgewalt des Hausvaters (pater familias). Nach der damaligen Vorstellung begann das Leben mit dem ersten Atemzug und war vorher keiner staatlichen Einflussnahme zugänglich. Der Nasciturus galt als Teil der Eingeweide der Schwangeren und gehörte somit zum Privateigentum des pater familias. Demselben stand also auch die Entscheidung über eine Abtreibung zu.[48]

2. Der Begriff der Person

In der neueren Entwicklung der bioethischen Debatte um das vorgeburtliche Leben stellt der Begriff der Person ein zentrales Element dar.[49] Einigkeit herrscht zunächst einmal darüber, dass der Personenstatus Anknüpfungspunkt für die Zuerkennung moralischer Rechte ist.[50] Welche Eigenschaften entscheidend sind und ob die Begrifflichkeit der Person das ungeborene Leben ein- bzw. ausschließt, ist jedoch sehr umstritten.[51] Die beiden wichtigsten Ansätze bedürfen genauerer Betrachtung, da sie auch in der verfassungsrechtlichen Debatte eine nicht unerhebliches Gewicht einnehmen.

a) Inklusionstheorie

Nach der Inklusionstheorie sind die Begriffe Mensch und Person gleichbedeutend. Dabei wird nicht bestritten, dass der Embryo bzw. Fetus nicht über Selbstbewusstsein, Moralität oder ähnliches verfügt. Dennoch sei das Ungeborene in den Personenbegriff einzubeziehen. Dafür werden insbesondere die sogenannten SKIP-Argumente (Spezies-, Kontinuums-, Identitäts- und Potentialitätsargument) als Begründung herangezogen.[52]

Das Speziesargument stellt auf den Umstand ab, dass das Ungeborene allein durch seine Zugehörigkeit zur menschlichen Spezies schon Träger von

---

46 *Demel*, Abtreibung zwischen Straffreiheit und Exkommunikation, S. 19.

47 *Müller-Terpitz*, Der Schutz des pränatalen Lebens, S. 43.

48 *Demel*, Abtreibung zwischen Straffreiheit und Exkommunikation, S. 69 f.

49 *Kipke*, Mensch und Person, S. 8.

50 *Müller-Terpitz*, Der Schutz des pränatalen Lebens, S. 48.

51 *Kipke*, Mensch und Person, S. 9.

52 *Müller-Terpitz*, Der Schutz des pränatalen Lebens, S. 49 f.; umfassend zu den SKIP-Argumenten: *Damschen/Schönecker* in: Damschen/Schönecker, Der moralische Status menschlicher Embryonen, S. 1 ff.

Menschenrechten sein muss. Die Notwendigkeit weiterer Voraussetzungen widerspreche dem Grundgedanken der Menschenrechte.[53]

Die umfassende Kritik am Speziesargument attestiert insbesondere einen naturalistischen Fehlschluss (auch Sein-Sollen-Fehlschluss genannt). Die Herleitung des präskriptiven Schutzgebots (Sollen) aus der bloß deskriptiven Spezieszugehörigkeit (Sein) sei nicht denkbar.[54]

Darüber hinaus sei das Argumentationsmuster dieser als Speziesismus bezeichneten Ansicht nicht von dem des Rassismus oder Sexismus zu unterscheiden.[55]

Das Kontinuumsargument sagt aus, dass der Mensch sich in einem kontinuierlichen Prozess ohne scharfe Zäsuren entwickelt, der keine Abgrenzung von einzelnen Phasen zulasse. Es wird auch im verfassungsrechtlichen Schrifttum verwendet. Danach müsse Lebensschutz demjenigen gewährt werden, der lebt.[56]

Die Kontinuität der menschlichen Entwicklung wird zwar überwiegend nicht bezweifelt, die Ableitung des Schutzgebots aus diesem Umstand aber wird kritisch beurteilt.[57] Nur weil der biologische Ablauf einer Entwicklung keine scharfen Zäsuren aufweise, könne daraus noch nicht geschlossen werden, dass für die Zuordnung von moralischen Rechten keine gedanklichen Grenzen begründet werden könnten.[58] Der Übergang von der Nacht zum Tage weise auch keine Zäsur auf, und es werde trotzdem unterschieden.[59]

Das Identitätsargument begründet die Ansicht, das Ungeborene sei Person im genannten Sinne damit, dass es mit dem später geborenen Menschen (der über die für den Personenstatus entscheidenden Eigenschaften verfüge) identisch sei.[60] Niemals schrieben „wir uns nur eine Geschichte zu, die bis zum Beginn unserer Bewusstseinskontinuität reicht, vielmehr führen wir unsere personale Identität bis auf den Zeitpunkt zurück, an dem das Lebewesen begann, das ich

53 *Schockenhoff* in: Damschen/Schönecker, Der moralische Status menschlicher Embryonen, S. 11 f.

54 *Merkel* in: Damschen/Schönecker, Der moralische Status menschlicher Embryonen, S. 37.

55 *Hoerster*, NJW 1991, 2540 (2541).

56 *Müller-Terpitz*, Der Schutz des pränatalen Lebens, S. 52.

57 Z.B.: *Merkel*, Früheuthanasie, S. 473; *Müller-Terpitz*, Der Schutz des pränatalen Lebens, S. 52.

58 *Kaufmann* in: Damschen/Schönecker, Der moralische Status menschlicher Embryonen, S. 90 f.

59 *Merkel*, Früheuthanasie, S. 474.

60 *Enskat* in: Damschen/Schönecker, Der moralische Status menschlicher Embryonen, S. 101.

bin."[61] Dieser Grundgedanke spiegele sich auch im allgemeinen Sprachgebrauch wieder, wenn man etwa sagt: „Ich wurde dann und dann geboren."[62] Und nicht etwa: „Dann und dann wurde ein menschliches Wesen geboren, aus dem dann allmählich Ich wurde."[63] Auch die Phasen des Lebens, die nicht bewusst wahrgenommen werden können, gehören danach zur Personalität.[64]

Die Kritiker werfen dieser Auffassung vor, dass ein Embryo oder Fetus die Fähigkeiten, die Personalität – und damit moralische Rechte – begründen, gerade noch nicht besitze und ihm die Personalität erst rückwirkend durch das später entwickelte humane Selbstverständnis zugesprochen werde.[65] Deshalb bestehe hinsichtlich der entscheidenden Eigenschaften keine Identität. Die Identität beschränke sich vielmehr auf das menschliche Genom. Insofern unterlaufe dieser Auffassung wiederum ein naturalistischer Fehlschluss.[66]

Das Potentialitätsargument geht schließlich davon aus, dass derjenige als Person anzuerkennen sei, der über die Anlage zur Entwicklung der genannten erforderlichen Eigenschaften verfüge.[67]

Gegner des Potentialitätsarguments wenden sich zwar nicht gegen die Auffassung, der Embryo oder Fetus habe das Potential sich zu einer Person zu entfalten. Vorgeworfen wird jedoch die mangelnde Differenzierung zwischen der bloßen Anlage und dem Vorhandensein einer Fähigkeit. Man dürfe die Möglichkeit nicht mit dem tatsächlichen Vorhandensein gleichsetzen.[68] So seien nicht alle Lebenden wie Leichen zu behandeln, nur weil sie das Potential haben eines Tages eine zu werden.[69] Ein weiterer Ansatzpunkt der Gegner ist, dass auch schon Spermium und Eizelle für sich genommen das Potential haben, zu einer Person heranzureifen.[70] Diese Auffassung würde zu dem paradoxen Ergebnis führen, dass Abtreibung und Nichtzeugung gleich zu bewerten wären.[71]

---

61 *Honnefelder* in: Dreyer, Natur und Person im ethischen Disput, S. 278.
62 *Baumgartner* et. al., in: Rager, Beginn Personalität und Würde des Menschen, S. 335.
63 *Spaemann*, Grenzen: zur ethischen Dimension des Handelns, S. 423.
64 *Baumgartner* et. al., in: Rager, Beginn Personalität und Würde des Menschen, S. 335.
65 *Müller-Terpitz*, Der Schutz des pränatalen Lebens, S. 54.
66 *Merkel*, Früheuthanasie, S. 491 ff.
67 *Wieland* in: Damschen/Schönecker, Der moralische Status menschlicher Embryonen, S. 149.
68 *Merkel*, Früheuthanasie, S. 477.
69 Vgl. *Schöne-Seifert* in: Damschen/Schönecker, Der moralische Status menschlicher Embryonen, S. 175.
70 *Merkel*, Früheuthanasie, S. 480.
71 *Müller-Terpitz*, Der Schutz des pränatalen Lebens, S. 55, m.w.N.

Diesen Einwand aufgreifend sei der weite Begriff der Potentialität durch die Unterscheidung zwischen aktiver und passiver Potentialität zu präzisieren. Passive Potentialität meint eine Potentialität, die sich nur durch Hinzutreten bestimmter äußerer Ereignisse realisiere. Aktive Potentialität könne sich aus sich selbst heraus realisieren.[72]

b) *Exklusionstheorie*

Die Anhänger der Exklusionstheorie hingegen sind der Ansicht, dass der Begriff der Person nicht mit dem des Menschen gleichzusetzen sei. Danach sei nicht jeder Mensch eine Person und nicht jede Person sei ein Mensch (etwa Menschenaffen)![73] Die Zuordnung moralischer Rechte solle nicht anhand biologischer Kriterien, sondern vielmehr anhand bestimmter Eigenschaften erfolgen.[74] Dafür wird der an das Selbstbewusstsein anknüpfende Personenbegriff von John Locke herangezogen. Denn danach ist die Person „ein denkendes, verständiges Wesen, das Vernunft und Überlegung besitzt und sich selbst betrachten kann. Das heißt, es erfasst sich als dasselbe Ding, das zu verschiedenen Zeiten und an verschiedenen Orten denkt."[75] [...] ohne Bewußtsein [ist] keine Person."[76] Die Gewährung moralischer Rechte wegen der Zugehörigkeit zu einer bestimmten biologischen Art (Speziesismus) wird demnach abgelehnt.

Basierend auf dem interessenorientierten Personenbegriff seien Embryonen, Feten und Neugeborene bis zur zwölften Woche post natum vom Lebensschutz ausgeschlossen.[77] Im Gegensatz zum biologischen Ansatzpunkt der Inklusionstheoretiker machen die Vertreter der Exklusionstheorie die Zuordnung moralischer Rechte an mentalen Voraussetzungen fest.[78] Gleichwohl wird den vorpersonalen Wesen ein gewisser Schutz zugebilligt. Zwar ließen sich keine Gründe für den Schutz von Embryonen und Feten aus ihnen selbst herleiten. Aber pragmatische Gründe – etwa gesellschaftspolitische – würden dafür sprechen, vorpersonalen Wesen nicht vollständig Lebensschutz zu versagen.[79]

Die genannten Argumente geben den Gegnern der Exklusionstheorie wiederum Anlass für kritische Einwände. Gegen den Vorwurf des Speziesismus wird

---

72 *Sass* in: Sass, Medizin und Ethik, S. 175.
73 *Singer*, Leben und Tod, S. 207.
74 *Kipke*, Mensch und Person, S. 18.
75 *Locke*, Versuch über den menschlichen Verstand, Bd. I, Buch II, S. 419.
76 *Locke*, Versuch über den menschlichen Verstand, Bd. I, Buch II, S. 432.
77 *Tooley* in: Leist, Um Leben und Tod, S. 157 (190 f.).
78 *Müller-Terpitz*, Der Schutz des pränatalen Lebens, S. 59.
79 *Kipke*, Mensch und Person, S. 8.

eingewandt, dass auch die exklusionistischen Ansätze von dem Vorhandensein einer bestimmten Voraussetzung auf die Schutzwürdigkeit fehlschließen würden. Nur dass es sich nicht um eine biologische Voraussetzung, sondern um eine mentale Eigenschaft handle.[80]

Weiterhin unterlaufe der Exklusionstheorie der schwerwiegende Fehler, dass beispielsweise Bewusstlose, Komatöse oder Narkotisierte, welche nur zeitweise ohne Selbstbewusstsein sind, demnach zeitweise keine Personen, mithin keine Träger des moralischen Lebensrechts wären.[81]

Darüber hinaus führt die enge Verknüpfung des Personenbegriffs mit dem Selbstbewusstsein zu Schwierigkeiten bei multiplen Persönlichkeitsstörungen. Wenn jeder Person ein Lebensrecht zustehen würde, stellt sich die Frage, wie mit der Tilgung einer fragmentarischen Person bei einem Menschen mit Persönlichkeitsstörung umzugehen wäre. Die Exklusionstheorie vermag diese Frage nicht konsistent zu beantworten.[82]

3. *Resümee und Ausblick*

Die vorstehende Darstellung des Streits zwischen der Inklusionstheorie und der Exklusionstheorie kann und soll keiner Entscheidung zugeführt werden. Es gilt lediglich sich die Kernaussagen beider Ansätze zu vergegenwärtigen, da der Personenbegriff und insbesondere die SKIP-Argumente in der verfassungsrechtlichen Debatte eine wichtige Rolle spielen. Die ethische und rechtswissenschaftliche Auseinandersetzung mit dem ungeborenen Leben weist oftmals ähnliche und zum Teil gleichlaufende Argumentationsmuster auf. Es sollte jedoch beachtet werden, dass die in der Ethik verwendeten Begrifflichkeiten unter Umständen von jenen des rechtswissenschaftlichen Diskurses zu unterscheiden sind. Auch kann die Rechtswissenschaft nicht ohne Weiteres die Ergebnisse der Ethik übernehmen. Sie muss sich vielmehr um eine eigene Begründung normativ-juristischer Natur bemühen.

C. Die Regelung des Schwangerschaftsabbruchs im StGB

Eine kurze Darstellung der Regelung des Schwangerschaftsabbruchs ist für die verfassungsrechtliche Analyse insbesondere der Regelung der Pränataldiagnostik

80 *Schockenhoff* in: Damschen/Schönecker, Der moralische Status menschlicher Embryonen, S. 17.

81 *Schockenhoff* in: Damschen/Schönecker, Der moralische Status menschlicher Embryonen, S. 18.

82 *Kipke*, Mensch und Person, S. 40 f.

von Nöten, da die Ergebnisse vorgeburtlicher Untersuchungen Grundlage eines Schwangerschaftsabbruchs sein können. Ferner ergeben die Regelungen der Frühdiagnostik mit den §§ 218 ff. StGB einen das Ungeborene wesentlich betreffenden Regelungskomplex, dessen Regelungen unter Umständen aufeinander abgestimmt werden sollten.

Die strafrechtliche Behandlung des Schwangerschaftsabbruchs hat im Laufe der Zeit eine nicht unerhebliche Wandlung erfahren. Seit 1871 war der Schwangerschaftsabbruch durch die §§ 218 ff. des Strafgesetzbuchs für das Deutsche Reich ausnahmslos verboten. Im Jahre 1927 wurde erstmals die medizinische Indikation als ungeschriebene Ausnahme vom absoluten Verbot des Schwangerschaftsabbruchs vom Reichsgericht anerkannt.[83] Die medizinische Indikation wurde 1935 zusammen mit der embryopathischen Indikation in Verbindung mit einer Gutachterstelle durch das „Gesetz zur Verhinderung erbkranken Nachwuchses" erstmals ausdrücklich geregelt.[84] Die zur Zeit des Nationalsozialismus eingeführten Strafschärfungen wurden 1954 durch die westlichen Besatzungsmächte aufgehoben. Dieser Entwicklung fiel auch die ausdrückliche Regelung der medizinischen Indikation zum Opfer. Mit der Rechtsprechung des Reichsgerichts behielt jedoch auch die medizinische Indikation ihre Wirksamkeit.[85] Zwar wurde die kriminologische Indikation schon nach 1945 zum Teil in den Ländern eingeführt. Bundesrechtlich wurde sie jedoch erst 1976 in das StGB aufgenommen. Zuvor sollte 1974 durch das fünfte Gesetz zur Reform des Strafrechts die sogenannte Fristenlösung eingeführt werden, dessen Inkrafttreten zunächst vom Bundesverfassungsgericht verhindert wurde[86] und bekanntlich ein Jahr später durch die erste Entscheidung zum Schwangerschaftsabbruch für verfassungswidrig erklärt wurde.[87] Die Fristenlösung sollte den Schwangerschaftsabbruch bis zur zwölften Schwangerschaftswoche mit Einwilligung der Schwangeren nach Beratung und bei Vornahme durch einen Arzt erlauben. Ferner sollte der Abbruch bei medizinischer und embryopathischer Indikation (letztere bis zur 22. Schwangerschaftswoche) straffrei bleiben. Im Nachgang der Entscheidung des Bundesverfassungsgerichts, die insbesondere die Verknüpfung des Lebensrechts mit einer bestimmten Frist rügte, wurde 1976 also die Indikationslösung normiert. Der durch das „15. Strafrechtsänderungsgesetz" neu eingeführte § 218a StGB erfasste die medizinische, embryopathische, kriminologische und

---

83 RGSt 61, 242 (255).

84 *Behren*, Die Geschichte des § 218 StGB, S. 336.

85 *Behren*, Die Geschichte des § 218 StGB, S. 367 f.

86 BVerfGE 37, 324.

87 BVerfGE 39, 1.

die allgemeine Notlagenindikation. In den ersten zwölf Wochen war bei Vorliegen einer dieser Indikationen der Abbruch straffrei. Im Rahmen des kontroversen Gesetzgebungsverfahrens bildete sich zu keiner Zeit eine eindeutige Mehrheit für eine bestimmte Lösung heraus.[88]

Nach der Wiedervereinigung sollten die jeweiligen Abtreibungsregelungen vereinheitlicht werden. Die entstehende hitzige Debatte stellte bisweilen den gesamten Einigungsvertrag in Frage. 1992 konnte man sich schließlich auf den fraktionsübergreifenden Entwurf eines Schwangeren- und Familienhilfegesetzes einigen. Das gleichwohl umstrittene Gesetz kombinierte eine Fristenregelung mit der medizinischen und embryopatischen (nicht jedoch kriminologischen) Indikation. Erneut wurde das Inkrafttreten des Gesetzes durch das Bundesverfassungsgericht einstweilen verhindert.[89] Mit dem nicht weniger berühmten zweiten Urteil zum Schwangerschaftsabbruch aus dem Jahre 1993 wurde das Gesetz abermals für verfassungswidrig erklärt.[90] Das Urteil wurde nicht nur für die darin enthaltenen Vorgaben für die Regelung des Schwangerschaftsabbruchs inhaltlich kritisiert, sondern auch in Bezug auf seine, den Grundsatz der Gewaltenteilung angreifende Wirkung.[91] Die Vorgaben des Bundesverfassungsgerichts wurden sodann 1995 im Schwangeren- und Familienhilfe-Änderungsgesetz umgesetzt. Danach ist gemäß § 218a Abs. 1 StGB der Tatbestand des § 218 StGB nicht erfüllt, wenn der Schwangerschaftsabbruch nach Beratung und durch einen Arzt vorgenommen wird und seit der Empfängnis nicht mehr als zwölf Wochen vergangen sind. § 218a Abs. 2 StGB regelt die rechtfertigende medizinische Indikation und § 218a Abs. 3 StGB die kriminologische Indikation. Die ausdrücklich nicht geregelte embryopathische Indikation wird jedoch durch eine kontrovers diskutierte Handhabung der medizinischen Indikation aufgefangen.[92]

D. Sozialrechtlicher Kontext

Nahezu 90 % der deutschen Bevölkerung sind in der Gesetzlichen Krankenversicherung versichert.[93] Das gesetzliche Krankenversicherungssystem ist im Fünften Buch des Sozialgesetzbuchs (SGB V) normiert. Dieses enthält auch Regelungen die im vorliegenden Kontext zu erwähnen sind.

---

88 *Behren*, Die Geschichte des § 218 StGB, S. 493 ff.

89 BVerfGE 86, 390.

90 BVerfGE 88, 203.

91 *Gropp* in: Joecks/Miebach MüKo zum StGB, Vorbm. §§ 218 ff., Rn. 9, m.w.N.

92 Kritisch dazu *Hillenkamp* in: FS Amelung 2009, 425 (430).

93 *Igl* in: Igl/Welti Gesundheitsrecht, Rn. 12.

Gemäß § 24d Abs. 1 S. 1 SGB V hat eine Schwangere, die in der gesetzlichen Krankenversicherung versichert ist, während der Schwangerschaft, bei und nach der Entbindung Anspruch auf ärztliche Betreuung sowie auf Hebammenhilfe einschließlich der Untersuchungen zur Feststellung der Schwangerschaft und zur Schwangerenvorsorge. Der Begriff der ärztlichen Betreuung ist von dem der ärztlichen Behandlung (§ 28 SGB V) abzugrenzen, da es sich bei der Schwangerschaft nicht um eine Krankheit handelt. Die Feststellung der Schwangerschaft erfolgt durch einen Bluttest oder eine Ultraschalluntersuchung.[94] Auf die Schwangerenvorsorge soll genauer eingegangen werden.

Konkretisiert werden die in § 24d Abs. 1 S. 1 SGB V genannten Bereiche durch die Richtlinien des Gemeinsamen Bundesausschusses (G-BA) gemäß § 92 Abs. 1 Nr. 4 SGB V über die ärztliche Betreuung während der Schwangerschaft und nach der Entbindung („Mutterschafts-Richtlinien").[95]

Nach der Mutterschaftsrichtlinie (Allgemeines Nr. 1) sollen durch die ärztliche Betreuung während der Schwangerschaft und nach der Entbindung mögliche Gefahren für Leben und Gesundheit von Mutter oder Kind abgewendet sowie Gesundheitsstörungen rechtzeitig erkannt und der Behandlung zugeführt werden. Vorrangiges Ziel der ärztlichen Schwangerenvorsorge ist die frühzeitige Erkennung von Risikoschwangerschaften und Risikogeburten. Risikoschwangerschaften sind (nach Abschnitt B.1. der Mutterschaftsrichtlinie) Schwangerschaften, bei denen aufgrund der Vorgeschichte oder erhobener Befunde mit einem erhöhten Risiko für Leben und Gesundheit von Mutter oder Kind zu rechnen ist. Davon wird etwa bei Erstgebärenden unter 18 oder über 35 Jahren ausgegangen (Abschnitt B.1.I.g))

Verläuft die Schwangerschaft weitgehend normal werden drei Ultraschalluntersuchungen von der gesetzlichen Krankenversicherung übernommen, im Falle von Auffälligkeiten auch mehr. Die oftmals in Anspruch genommenen zusätzlichen Ultraschalluntersuchungen müssen als Individuelle Gesundheitsleistung (IGeL) selbst bezahlt werden.[96] Insbesondere beim Vorliegen einer Risikoschwangerschaft werden auch ohne Indikation invasive Untersuchungsmethoden übernommen (Abschnitt B.4.e) und f)).[97]

94 *Kießling* in: Rolfs et al., BeckOK SozR, SGB V, § 24d, Rn. 2.
95 *Kießling* in: Rolfs et al., BeckOK SozR, SGB V, § 24d, Rn. 1.
96 *Kießling* in: Rolfs et al., BeckOK SozR, SGB V, § 24d, Rn. 4 ff.
97 *Kießling* in: Rolfs et al., BeckOK SozR, SGB V, § 24d, Rn. 10.

Der G-BA hat Anfang 2015 mit der Beratung über eine Richtlinie zur Erprobung des Tests auf fetale DNS im mütterlichen Blut begonnen.

Die Präimplantationsdiagnostik gehört hingegen nicht zum Leistungskatalog der gesetzlichen Krankenversicherung.[98]

98 BSG, GesR 2015, 358 (358).

2. Kapitel: Ein Widerspruch als Untersuchungsgegenstand

Der Vorwurf eines Wertungswiderspruchs zwischen dem Verbot der Präimplantationsdiagnostik und der Möglichkeit des Schwangerschaftsabbruchs nach der Vornahme einer Pränataldiagnostik wurde bereits eingangs dahingehend konkretisiert, dass im Rahmen dieser Arbeit jene Normierungen im Fokus stehen sollen, welche die bloße Untersuchung Ungeborener betreffen. Diese potentiell widersprüchlichen Normierungen sind nunmehr hinsichtlich ihres Regelungsgehalts zu präzisieren, um sie letztlich einer vergleichenden Betrachtung zu unterziehen. Erst dann kann die verfassungsrechtliche Relevanz eines Wertungswiderspruchs erörtert werden.

A. Die potentiell widersprüchlichen Regelungen

Bei der nachfolgenden Betrachtung der potentiell widersprüchlichen Regelungen, gilt es zu beachten, dass ein Widerspruch bisweilen schon durch eine entsprechende Auslegung der jeweiligen Regelungen vermieden werden kann.[99]

I. Die Regelung der Präimplantationsdiagnostik in § 3a ESchG

Die Regelung der Präimplantationsdiagnostik in § 3a ESchG ist zwar jünger als die Regelungen des GenDG, gleichwohl setzt sich die Literatur ungleich viel intensiver mit ihr auseinander. Insoweit ist auf den bisherigen Ertrag der Debatte zurückzugreifen.

1. Entstehungsgeschichte

Zum besseren Verständnis des § 3a ESchG ist es hilfreich, die Entstehungsgeschichte der Norm in ihren Grundzügen zu kennen. Denn diese ist auch im Streit um die Auslegung der aktuellen Regelung immer wieder Anknüpfungspunkt der Argumentation.

Das nach mehrjähriger Beratung im Jahre 1991 in Kraft getretene ESchG traf noch keine ausdrücklichen Aussagen über die schon Ende der 80er-Jahre entwickelte Präimplantationsdiagnostik. Gleichwohl subsumierte man die Präimplantationsdiagnostik zunächst unter das Verbot der missbräuchlichen Verwendung

99 *Larenz*, Methodenlehre der Rechtswissenschaft, S. 334.

menschlicher Embryonen nach § 2 Abs. 1 ESchG.[100] Die Regelung des § 8 Abs. 1 ESchG beschränkte den Anwendungsbereich des § 2 Abs. 1 ESchG jedoch auf totipotente Zellen, da nur diese noch die Anlage haben, sich aus sich selbst heraus zu einem vollständigen Organismus zu entwickeln. Die rechtliche Handhabung der zwischenzeitlich möglich gewordenen Präimplantationsdiagnostik an pluripotenten Zellen war deshalb umstritten und kontrovers diskutiert.[101] Erst im Jahre 2010 positionierte sich der BGH zu dem Diskurs. In seinem Urteil entschied das Gericht, dass die Vornahme der Präimplantationsdiagnostik an pluripotenten Zellen im Blastozystenstadium nach dem ESchG nicht strafbar sei.[102] Der auf Grundlage der §§ 1 Abs. 1 Nr. 2 und 2 Abs. 1 ESchG in mehreren Fällen angeklagte Gynäkologe wurde freigesprochen. Der Arzt hatte bei den Embryonen, die jeweils ein hohes Risiko einer krankheitsverursachenden chromosomalen Anomalie aufwiesen, die Präimplantationsdiagnostik vorgenommen und nur die negativ (unauffällig) getesteten Embryonen in die Gebärmutter implantiert.

Eine Strafbarkeit nach § 1 Abs. 1 Nr. 2 ESchG setzt voraus, dass das Unternehmen der künstlichen Befruchtung nicht auf die Herbeiführung einer Schwangerschaft gerichtet ist. Da der Angeklagte aber primär eine Schwangerschaft bei der Patientin herbeiführen wollte und nicht etwa die Präimplantationsdiagnostik Zweck der Befruchtung war, sei er nicht strafbar.[103] Der Umstand, dass er sich nach der Präimplantationsdiagnostik mit positivem Befund gegen die Übertragung der betroffenen Embryonen entschied und dies von Anfang an in Betracht gezogen habe, sei keine alternative Absicht, sondern unselbstständiges Zwischenziel und damit unerheblich, weil dies seinen bereits vorher endgültig gefassten und für § 1 Abs. 1 Nr. 2 ESchG maßgeblichen, namentlich „handlungsleitenden" Entschluss nicht in Frage stelle. Denn § 1 Abs. 1 Nr. 2 ESchG setze nicht voraus, dass die Herbeiführung der Schwangerschaft ausschließliches Ziel der Befruchtung sei. Ferner ergebe sich aus der Systematik, insbesondere aus der in § 3 S. 2 ESchG zum Ausdruck kommenden Wertentscheidung, dass das ESchG keinen umfassenden Lebensschutz gewähre. Vielmehr ziele die Regelung des § 1 Abs. 1 Nr. 2 ESchG insbesondere darauf ab, verbrauchende Embryonenforschung an totipotenten Zellen zu vermeiden, die der Angeklagte ebenfalls nicht beabsichtigt habe. Die Präimplantationsdiagnostik an entnommenen pluripotenten Zellen, durch die der Embryo nicht beschädigt würde, habe der Gesetzgeber nicht berücksichtigen wollen, zumal diese Diagnosemethode zum Zeitpunkt des Gesetzgebungsverfahrens

100 So etwa schon (1992) *Günther* in: Keller/Günther/Kaiser, ESchG, § 2, Rn. 13.

101 Dazu *Renzikowski*, NJW 2001, 2754 (2756).

102 BGH, NJW 2010, 2672.

103 BGH, NJW 2010, 2672 (2673).

noch nicht möglich war. Weiterhin sei zu beachten, dass das Risiko einer Tot- oder Fehlgeburt drohe und darüber hinaus eine Abtreibung nach Pränataldiagnostik im Einklang mit den geltenden Regeln gemäß § 218a StGB bis zu den Eröffnungswehen vorgenommen werden könne. Der BGH wies also auf die Inkonsistenz der Rechtslage vor und nach der Implantation hin.

Schließlich sei durch die Auslegung des Gerichts auch keine „unbegrenzte Selektion anhand genetischer Merkmale“[104] möglich. Wie sich aus dem Gesetz ergebe, sei die Präimplantationsdiagnostik zur Geschlechtswahl beispielsweise unzulässig, wenngleich eine klare gesetzliche Regelung diesbezüglich „wünschenswert“ sei. Die Nichtübertragung des Embryos mit positivem Befund sei nach dem Gesagten lediglich unbeabsichtigte Nebenfolge.[105]

Eine Strafbarkeit nach § 2 Abs. 1 ESchG schied nach Ansicht des Gerichts ebenfalls aus, da keine totipotenten, sondern pluripotente Zellen entnommen und untersucht wurden. Die weite Begrifflichkeit des „Verwendens“ zu einem nicht der Erhaltung des Embryos dienenden Zweck müsse konkretisiert werden. Der amtlichen Überschrift zufolge habe der Gesetzgeber nur die missbräuchliche Verwendung menschlicher Embryonen vermeiden und sicherstellen wollen, dass „menschliches Leben grundsätzlich nicht zum Objekt fremdnütziger Zwecke gemacht werden darf“[106]. Eine Instrumentalisierung habe aber durch die vom Arzt vorgenommene Blastozystenbiopsie nicht stattgefunden. Auch wegen der Wertung des § 3 S. 2 ESchG sei der § 2 Abs. 1 ESchG um die Blastozystenbiopsie zu reduzieren. Mithin sei das Unterlassen der weiteren Kultivierung und das anschließende Verwerfen der Embryonen mit positivem Befund kein „Verwenden“ im Sinne des § 2 Abs. 1 ESchG.[107]

Der von diesem Urteil ausgehenden Forderung nach einer Neuregelung der Präimplantationsdiagnostik kam der Gesetzgeber nach intensiver Debatte mit dem „Gesetz zur Regelung der Präimplantationsdiagnostik“ (PräimG) vom 21.11.2011 schließlich nach und fügte § 3a in das ESchG ein. Die letztlich verabschiedete Variante ging aus einem von drei fraktionsübergreifenden Entwürfen hervor.[108] Die Regelung ist dabei mit ihrem Straftatbestand und angeschlossenen Rechtfertigungsgründen an §§ 218, 218a StGB angelehnt.[109]

---

104 So aber *Middel*, Verfassungsrechtliche Fragen der PID, S. 45.

105 BGH, NJW 2010, 2672 (2674 f.).

106 Verweis auf BT-Drucks. 11/5460, S. 10.

107 BGH, NJW 2010, 2672 (2675 f.).

108 BT-Drucks. 17/5450; BT-Drucks. 17/5451; BT-Drucks. 17/5452; Einen Überblick über die Entwürfe gibt *Hoyer* in: Igl/Welti Gesundheitsrecht, § 46, Rn. 1315 ff.

109 BT-Drucks. 17/5451. S. 8; *Henking*, ZRP 2012, 20 (21).

2. *Regelungsgehalt*

a) *Der Grundsatz*

Der § 3a Abs. 1 ESchG enthält zunächst eine Legaldefinition der Präimplantationsdiagnostik. Danach ist Präimplantationsdiagnostik die genetische Untersuchung von Zellen eines Embryos in vitro vor seinem intrauterinen Transfer. Die Vornahme der Präimplantationsdiagnostik wird gemäß § 3a Abs. 1 ESchG mit Freiheitsstrafe bis zu einem Jahr oder mit Geldstrafe bestraft.

Über die Reichweite dieser Vorschrift hat sich eine kontroverse Debatte entwickelt. Der zentrale Ansatzpunkt für Interpretationsspielraum ist die Formulierung des § 3a Abs. 1 ESchG, der die Untersuchung von „Zellen eines Embryos“ unter Strafe stellt. Der Begriff der Zelle ist nicht wie der des Embryos (§ 8 Abs. 1 ESchG) legal definiert. Ausgehend vom Wortlaut könnte nun davon ausgehen, dass § 3a Abs. 1 ESchG keine Untersuchungen des gesamten Embryos und somit auch keine Untersuchungen totipotenter[110] Zellen erfasst, da diese ebenfalls Embryo im Sinne des § 8 Abs. 1 ESchG sind. Die Untersuchung von Embryonen bzw. totipotenter Zellen unterliegt der höheren Strafandrohung des § 2 Abs. 1 ESchG (und entzieht sich somit möglicherweise der Rechtfertigungsmöglichkeit des § 3a Abs. 2 ESchG).[111] Damit wäre der Anwendungsbereich von § 3a Abs. 1 ESchG auf die Untersuchung pluripotenter Zellen beschränkt. Da die Blastomerenbiospie, bei der die Zellen noch totipotent sein können, in Deutschland nicht angewandt wird,[112] kann die Problematik aber insoweit dahinstehen.

Bisweilen wird jedoch vertreten, dass der Anwendungsbereich des § 3a Abs. 1 ESchG noch weiter einzuschränken ist. Nicht von § 3a Abs. 1 ESchG erfasst sei danach die ausschließlich dem Kinderwunsch dienende und den Embryo nicht gefährdende Trophektodermbiopsie.[113] Bei diesem Verfahren werden lediglich Zellen (des Trophoblasten) untersucht, die sich zur Plazenta weiterentwickeln. Insoweit müsse sich die Auslegung des § 3a Abs. 1 ESchG am Entwicklungspotential der jeweiligen Zellen orientieren.[114] Dabei wird offenbar angenommen,

110 Der Begriff der Totipotenz ist im 1. Kapitel erläutert unter: B. I. 3.

111 *Taupitz/Hermes*, MedR 2015, 244 (245), die allerdings davon ausgehen, dass § 3a im Verhältnis zu § 2 ESchG die speziellere Norm darstellt und letzterer verdrängt wird; *Müller-Terpitz* in: Spickhoff, Medizinrecht, § 3a ESchG, Rn. 6; wohl auch *Frommel*, JZ 2013, 488.

112 *Torbohm*, Genetische Informationen im Familienverbund, S. 18.

113 *Frommel*, JZ 2013, 488 (488 f. und 490 f.).

114 *Frommel*, JZ 2013, 488 (488 f. und 490 f.).

dass Trophektodermzellen keine Zellen des Embryos sind und somit dem Anwendungsbereich des § 3a Abs. 1 ESchG nicht unterfallen.[115]

Dieser Sichtweise wird jedoch zu Recht entgegengebracht, dass auch Zellen, die sich im weiteren Verlauf zur Plazenta entwickeln, zu diesem Zeitpunkt noch von der zona pellucida umschlossen sind und demnach jedenfalls noch zu dem Embryo zugerechnet werden.[116]

Schließlich kann auch ein systematischer Verweis auf die Wertung des § 15 Abs. 1 GenDG, der vorgeburtliche genetische Untersuchungen weitgehend zuzulassen scheint (was noch zu zeigen sein wird), nicht überzeugen[117], da dies den ausdrücklichen Willen des Gesetzgebers konterkarieren würde. Denn ausweislich der Begründung wollte dieser durch § 3a ESchG die „eng begrenzte Anwendung der PID“[118] regeln, nicht hingegen eine der gängigsten Methoden der Präimplantationsdiagnostik (die Trophektodermbiopsie) vom Anwendungsbereich ausschließen.[119] Ob die unterstellte Diskrepanz der Regelung demgegenüber gleichheitsrechtlich problematisch ist und ob die Wertung des § 15 Abs. 1 GenDG den entscheidenden Maßstab für die Auslegung des § 3a ESchG darstellt, soll an anderer Stelle untersucht werden.[120]

Eine so weitreichenden Beschränkung des Anwendungsbereichs des § 3a ESchG kann nach alledem nicht überzeugen. Es ist vielmehr zu konstatieren, dass die Präimplantationsdiagnostik umfassend einem grundsätzlichen Verbot unterliegt, von dem insbesondere auch die Trophektodermbiopsie erfasst ist.

b) Die Ausnahmen

In § 3a Abs. 2 ESchG sind allerdings zwei Ausnahmen von dem grundsätzlichen Verbot der Präimplantationsdiagnostik statuiert. Nach § 3a Abs. 2 S. 1 ESchG gilt:

Besteht aufgrund der genetischen Disposition der Frau, von der die Eizelle stammt, oder des Mannes, von dem die Samenzelle stammt, oder von beiden für deren Nachkommen das hohe Risiko einer schwerwiegenden Erbkrankheit, handelt nicht rechtswidrig, wer zur Herbeiführung einer Schwangerschaft mit schriftlicher Einwilligung der Frau, von der die Eizelle stammt, nach dem allgemein anerkannten Stand der medizinischen Wissenschaft und Technik Zellen des

---

115 *Frommel*, JZ 2013, 488 (488 f.).

116 *Müller-Terpitz* in: Spickhoff, Medizinrecht, § 3a ESchG, Rn. 7.

117 Vgl. aber dazu *Frommel*, JZ 2013, 488 (488 und 493).

118 BT-Drucks. 17/5451, S. 7.

119 So auch *Taupitz/Hermes*, MedR 2015, 244 (246 f.).

120 Dazu: 3. Kapitel, D. III; 4. Kapitel, C. II.

Embryos in vitro vor dem intrauterinen Transfer auf die Gefahr dieser Krankheit genetisch untersucht.

Nach § 3a Abs. 2 S. 2 ESchG handelt darüber hinaus nicht rechtswidrig, wer eine Präimplantationsdiagnostik mit schriftlicher Einwilligung der Frau, von der die Eizelle stammt, zur Feststellung einer schwerwiegenden Schädigung des Embryos vornimmt, die mit hoher Wahrscheinlichkeit zu einer Tot- oder Fehlgeburt führen wird.

Die in § 3a Abs. 2 ESchG enthaltenen Ausnahmen von dem grundsätzlichen Verbot der Präimplantationsdiagnostik bieten weniger Interpretationsspielraum. Der Begriff der „Erbkrankheit" meint ausweislich der Gesetzesbegründung monogen bedingte Erkrankungen und Chromosomenstörungen. „Schwerwiegende Erbkrankheiten" sind solche, die „sich durch eine geringe Lebenserwartung oder Schwere des Krankheitsbildes und schlechte Behandelbarkeit von anderen Erbkrankheiten wesentlich unterscheiden."[121] Ferner muss ein „hohes Risiko" einer schwerwiegenden Erbkrankheit bestehen. „Dies ist eine hohe Wahrscheinlichkeit, die vom üblichen Risiko der Bevölkerung der Bundesrepublik Deutschland wesentlich abweicht. [...] Eine Wahrscheinlichkeit von 25 bis 50 Prozent wird als hohes Risiko bezeichnet."[122] Weiter ist die Beabsichtigung den Transfer durchzuführen erforderlich. Schließlich ist der anerkannte Stand der Wissenschaft Maßstab für die Untersuchung.

Über den Begriff der „schwerwiegenden Schädigung" schweigen die Gesetzesmaterialien. Die Entscheidung über das Vorliegen dieser Voraussetzung wurde damit in den Verantwortungsbereich der Ethikkommissionen überstellt. Denn diese haben nach § 3a Abs. 3 S. 1 Nr. 2 ESchG die Voraussetzungen des Abs. 2 zu prüfen.[123] Die schwerwiegende Schädigung muss jedenfalls „mit hoher Wahrscheinlichkeit zu einer Tot- oder Fehlgeburt führen". Laut der Gesetzesbegründung ist eine Fehlgeburt „eine Schwangerschaft, die endet, bevor der sich entwickelnde Embryo bzw. Fetus lebensfähig ist." (Damit ist wohl die unterstützte extrakorporale Lebensfähigkeit gemeint.) „Unter Totgeburt versteht man die Geburt eines toten Fetus von 500 Gramm und mehr Geburtsgewicht oder einem Gestationsalter von mindestens 22 vollendeten Wochen."[124]

Hinsichtlich der erforderlichen „hohen Wahrscheinlichkeit" ist wohl davon auszugehen, dass dem Begriff keine von jenem des „hohen Risikos" aus § 3a

121 BT-Drucks. 17/5451. S. 8.

122 BT-Drucks. 17/5451. S. 8.

123 *Pelchen/Häberle* in: Erbs/Kohlhaas Strafrechtliche Nebengesetze, ESchG § 3a, Rn. 7.

124 BT-Drucks. 17/5451. S. 8.

Abs. 2 S. 1 ESchG abweichende Bedeutung beigemessen wurde. Die Feststellung der schwerwiegenden Schädigung ist schließlich der einzig zulässige Zweck der Untersuchung.[125]

c) Ergebnis

Die eingangs dargestellte Vermutung, dass die Präimplantationsdiagnostik einer recht restriktiven Regelung unterliegt, konnte bestätigt werden. Zum einen erfasst das grundsätzliche Verbot die praxisrelevanten Untersuchungsmethoden und zum anderen sind die Ausnahmen auf wenige Fälle beschränkt.

II. Die Regelung der Pränataldiagnostik im GenDG

In der rechtswissenschaftlichen Literatur wird der gegenwärtigen Regelung der Pränataldiagnostik ungleich viel weniger Aufmerksamkeit geschenkt, als der Regelung der Präimplantationsdiagnostik. Bei der nachfolgenden Analyse der Regelung der Pränataldiagnostik kann also nicht in gleichem Maße auf bestehende Literatur zurückgegriffen werden.

1. Historie

Die Pränataldiagnostik muss sich seit jeher den Vorwurf gefallen lassen, Wegbereiter eugenisch motivierter Schwangerschaftsabbrüche zu sein. Deshalb überrascht es, dass bis zum Erlass des Gesetzes über genetische Untersuchungen beim Menschen (GenDG) vom 31.07.2009 keinerlei gesetzliche Regelung der Pränataldiagnostik existierte.[126]

Ein erster Antrag der CDU/CSU-Fraktion zur Regelung der Anwendung von Gentests in Medizin und Versicherungen, durch den die Bundesregierung zur Einbringung eines Gesetzesentwurfs aufgefordert wurde,[127] war bereits 2001 gescheitert. Ein weiterer Antrag folgte 2003[128] auf die Empfehlung der Enquete-Kommission „Recht und Ethik in der modernen Medizin“[129]. Die initiativen Bemühungen wurden aber durch den Regierungswechsel 2005 gestört.[130] Schließlich

125 *Pelchen/Häberle* in: Erbs/Kohlhaas Strafrechtliche Nebengesetze, ESchG § 3a, Rn. 10.
126 Dazu im Detail *Theilig*, Die Strafbarkeit pränataler Einwirkungen auf die menschliche Leibesfrucht, S. 21 ff.
127 BT-Drucks. 14/6640.
128 BT-Drucks. 15/543.
129 BT-Drucks. 14/9020, S. 175 ff.
130 *Hahn* in: Kern GenDG, § 1, Rn. 4.

wurde 2006 ein Entwurf für ein GenDG[131] von der Fraktion BÜNDNIS 90/DIE GRÜNEN eingebracht, auf den die Bundesregierung 2008 zunächst mit einem Eckpunktepapier und nachfolgend mit einem eigenen Entwurf[132] reagierte. Das GenDG trat mit seinen wesentlichen Inhalten am 01.02.2010 in Kraft.

Der Vorschlag, die Präimplantationsdiagnostik im GenDG zu regeln und dafür einen § 15a GenDG einzufügen, wurde 2011 zugunsten einer Regelung im Gesetz zum Schutz von Embryonen (ESchG) abgelehnt.[133]

2. Grundlegendes

a) Zweck des Gesetzes

Das Gesetz soll den Schutz der Menschenwürde, des Rechts auf informationelle Selbstbestimmung, des Rechts auf Nichtwissen und den Schutz vor genetischer Diskriminierung gewährleisten (vgl. § 1 GenDG).[134] Das Recht auf Leben gehört nicht zu den ausdrücklich aufgeführten Schutzgütern des GenDG.

b) Anwendungsbereich

Nach § 2 Abs. 1 GenDG erstreckt sich der Anwendungsbereich des Gesetzes auf genetische Untersuchungen und im Rahmen genetischer Untersuchungen durchgeführte genetische Analysen bei geborenen Menschen sowie bei Embryonen und Föten während der Schwangerschaft. Die Präimplantationsdiagnostik und die Polkörperdiagnostik sind demnach vom Anwendungsbereich des GenDG ausgenommen, da sie nicht pränatal mithin in vivo, sondern perinatal also in vitro vorgenommen werden.[135]

Weiter betrifft es den Umgang mit den bei genetischen Untersuchungen gewonnenen genetischen Proben und Daten zu medizinischen Zwecken, zur Klärung der Abstammung sowie im Versicherungsbereich und im Arbeitsleben.

c) Benachteiligungsverbot

Nach § 4 Abs. 1 GenDG darf niemand wegen seiner oder der genetischen Eigenschaften einer genetisch verwandten Person, wegen der Vornahme oder Nichtvornahme einer genetischen Untersuchung oder Analyse bei sich oder einer

131 BT-Drucks. 16/3233.

132 BT-Drucks. 16/10532.

133 BT-Drucks. 17/5450 und 17/5451.

134 *Häberle* in: Erbs/Kohlhaas Strafrechtliche Nebengesetze, G 25 (GenDG), Vorbm., Rn. 1; *Lindner*, MedR 2013, 288; *Hahn* in: Kern GenDG, § 1, Rn. 1 und 7ff.

135 *Ruso/Thöni*, MedR 2010, 74 (76).

genetisch verwandten Person oder wegen des Ergebnisses einer solchen Untersuchung oder Analyse benachteiligt werden.

Ob das Gesetz dieses Anliegen hinreichend umsetzt, wird noch zu zeigen sein.

3. *Regelungsgehalt des § 25 Abs. 1 Nr. 3 i.V.m. § 15 Abs. 1 S. 1 GenDG*

a) *Vorüberlegungen zur Gesetzgebungstechnik*

Beginnt man mit der Lektüre des § 15 GenDG, fällt zunächst auf, dass dieser unvollständig zu sein scheint. Denn die Reglung enthält zwar einen Tatbestand, jedoch keine Rechtsfolge. Ein vollständiger Rechtssatz besteht aber aus eben diesen Elementen.[136] Freilich finden sich in der Rechtsordnung viele Beispiele für unvollständige Rechtssätze, die gleichwohl durch Kombination mit anderen Rechtssätzen vervollständigt werden können.[137] So liegt es auch hier. Denn die zu § 15 Abs. 1 S. 1 GenDG gehörende Rechtsfolge enthält § 25 Abs. 1 Nr. 3 GenDG. Dieser statuiert, dass der entgegen § 15 Abs. 1 S. 1 GenDG Handelnde bestraft wird. Die Regelung des § 25 Abs. 1 Nr. 3 i.V.m. § 15 Abs. 1 S. 1[138] GenDG gehört demnach zum Nebenstrafrecht.

Nicht sofort einleuchten mag jedoch der Grund für die Aufspaltung der Regelung. Eine gesetzgeberische Intention für eine derartige Konstruktion ist regelmäßig die Vermeidung einer doppelten Regelung. So etwa, wenn mehrere Tatbestände die gleiche Rechtsfolge haben. In mehreren Tatbestandsnormen kann so auf nur eine Rechtsfolgennorm verwiesen werden. Auch im vorliegenden Fall ist wohl die identische, in § 25 Abs. 1 GenDG normierte Rechtsfolge einer Freiheitsstrafe bis zu einem Jahr oder Geldstrafe für verschiedenste Tatbestände der Grund für die Aufspaltung von Tatbestand (§ 15 Abs. 1 S. 1 GenDG) und Rechtsfolge (§ 25 Abs. 1 Nr. 3 GenDG).

Das Verhältnis der beiden Regelungen wirft jedoch die Frage auf, ob § 25 Abs. 1 Nr. 3 GenDG allein als vollständiger Rechtssatz angesehen werden kann. Denn § 25 Abs. 1 Nr. 3 GenDG verweist zum einen explizit auf § 15 Abs. 1 S. 1 GenDG durch Nennung desselben und durch Verweis auf die „dort" genannten genetischen Eigenschaften des Embryos oder des Fötus. Zum anderen nennt

---

136 Zur Struktur eines Rechtssatzes ausführlich: *Larenz*, Methodenlehre der Rechtswissenschaft, S. 250 ff; *Rüthers/Fischer/Birk*, Rechtstheorie, Rn. 120 ff.

137 *Rüthers/Fischer/Birk*, Rechtstheorie, Rn. 129.

138 Diese Normkette nennt auch *Braun*, JR 2012, 363 (365); oft wird allerdings allein § 15 GenDG thematisiert, so etwa bei *Spranger/Gorenstein*, Pränataldiagnostik und Schwangerschaftsabbruch in: Elger/Biller-Andorno/Rütsche, Ethik und Recht in Medizin und Biowissenschaften, S. 61 f.

§ 25 Abs. 1 Nr. 3 GenDG das Tatbestandsmerkmal des medizinischen Zwecks selbst. Man könnte demnach in Erwägung ziehen, dass § 25 Abs. 1 Nr. 3 GenDG den folgenden vollständigen Rechtssatz enthält: Wer eine vorgeburtliche genetische Untersuchung vornimmt, dic nicht medizinischen Zwecken dient (Tatbestand), wird mit Freiheitsstrafe bis zu einem Jahr oder mit Geldstrafe bestraft (Rechtsfolge).

Für die Annahme eines vollständigen Rechtssatzes in diesem Sinne könnte sprechen, dass das Merkmal des medizinischen Zwecks mit dem Merkmal der „dort" (in § 15 Abs. 1 S. 1 GenDG) genannten genetischen Eigenschaften durch ein „oder" gentrennt ist, es sich mithin um Alternativen zu handeln scheint. Unter dieser Voraussetzung wäre § 15 Abs. 1 S. 1 GenDG als sogenannter „erläuternder" oder „umschreibender" Rechtsatz einzuordnen, der damit zu den unvollständigen Rechtssätzen gehören würde.[139]

Allerdings wurden die beiden genannten Elemente in § 15 Abs. 1 S. 1 GenDG inkonsequenter Weise durch ein „und" verbunden. Man könnte aus dieser Verknüpfung also ableiten, dass die in § 15 Abs. 1 S. 1 GenDG genannten genetischen Eigenschaften den Begriff des medizinischen Zwecks konkretisieren.

Vergleicht man allerdings § 25 Abs. 1 Nr. 3 mit Nr. 2 GenDG stellt sich die Frage, warum der Gesetzgeber in Nr. 3 die Tatbestandsmerkmale des § 15 Abs. 1 S. 1 GenDG verkürzt aufgeführt hat. Denn in § 25 Abs. 1 Nr. 2 GenDG ist dies nicht erfolgt. Nach § 25 Abs. 1 Nr. 2 GenDG wird derjenige bestraft, der entgegen § 14 Abs. 1 Nr. 1 GenDG eine genetische Untersuchung vornimmt.

Es kann konstatiert werden, dass § 25 Abs. 1 Nr. 3 im Gegensatz zu Nr. 2 GenDG nicht ausschließlich verweist, sondern zusätzlich Tatbestandsmerkmale wiederholt, um eine Strafbarkeit wegen einer vorgeburtlichen genetischen Untersuchung ohne die erforderliche Aufklärung und Einwilligung (vgl. § 15 Abs. 1 S. 1 GenDG a. E.) durch diese Ziffer (§ 25 Abs. 1 Nr. 3 GenDG) auszuschließen. Denn der Fall mangelnder Einwilligung ist schon durch § 25 Abs. 1 Nr. 1 GenDG erfasst. Dass in § 25 Abs. 1 Nr. 1 GenDG die Einwilligung nicht aufgeführt ist, lässt sich dadurch erklären, dass eine wirksame Einwilligung bekanntlich grundsätzlich eine erfolgte Aufklärung voraussetzt.[140]

Nach dem Gesagten kann also festgehalten werden, dass beide Teilregelungen für sich genommen keinen vollständigen Rechtssatz enthalten.

---

139 Vgl. *Larenz*, Methodenlehre der Rechtswissenschaft, S. 257 ff.

140 Zur ärztlichen Aufklärung als Einwilligungsvoraussetzung *Hoyer* in: Igl/Welti Gesundheitsrecht, Rn. 1358 ff.

Erwähnenswert ist darüber hinaus, dass § 15 Abs. 1 S. 1 nicht etwa positiv Tatbestandsmerkmale normiert, bei deren Vorliegen ein Verbot besteht, sondern regelt, welche vorgeburtlichen genetischen Untersuchungen zulässig sind. Die Formulierung der Erlaubnis „nur" zu den genannten Zwecken kann lediglich bedeuten, dass alle anderen Zwecke als von § 25 Abs. 1 Nr. 3 erfasst anzusehen sind und damit strafbewehrt sind. Dieses Regel-Ausnahme-Verhältnis kann mitunter den Eindruck erwecken, dass Pränataldiagnostik grundsätzlich verboten ist und eine Zulässigkeit nur im Ausnahmefall gegeben ist. Dieser Eindruck – soviel kann schon an dieser Stelle gesagt werden – trügt.

b) Begriffsbestimmungen

In § 3 GenDG wurden entscheidende Begriffe des Gesetzes legal definiert. Die für die weitere Untersuchung relevanten Begriffe sollen nachfolgend kurz erörtert werden.

Der zentrale Begriff des GenDG ist die „genetische Untersuchung". Nach § 3 Nr. 1 ist genetische Untersuchung eine auf den Untersuchungszweck gerichtete genetische Analyse zur Feststellung genetischer Eigenschaften oder vorgeburtliche Risikoabklärung einschließlich der Beurteilung der jeweiligen Ergebnisse.

Genetische Analyse ist gemäß § 3 Nr. 2 GenDG eine auf Feststellung genetischer Eigenschaften gerichtete Analyse der Zahl und Struktur der Chromosomen (zytogenetische Analyse), der molekularen Struktur der Desoxyribonukleinsäure oder der Ribonukleinsäure (molekulargenetische Analyse) oder der Produkte der Nukleinsäuren (Genproduktanalyse).

Vorgeburtliche Risikoabklärung ist nach § 3 Nr. 3 GenDG eine Untersuchung des Embryos oder Fötus, mit der die Wahrscheinlichkeit für das Vorliegen bestimmter genetischer Eigenschaften mit Bedeutung für eine Erkrankung oder gesundheitliche Störung des Embryos oder Fötus ermittelt werden soll.

c) Vorgeburtliche genetische Untersuchungen

Eine genetische Untersuchung darf nach § 15 Abs. 1 S. 1 GenDG vorgeburtlich nur zu medizinischen Zwecken und nur vorgenommen werden, soweit die Untersuchung auf bestimmte genetische Eigenschaften des Embryos oder Fötus abzielt, die nach dem allgemein anerkannten Stand der Wissenschaft und Technik seine Gesundheit während der Schwangerschaft oder nach der Geburt beeinträchtigen, oder wenn eine Behandlung des Embryos oder Fötus mit einem Arzneimittel vorgesehen ist, dessen Wirkung durch bestimmte genetische Eigenschaften beeinflusst wird und die Schwangere nach § 9 aufgeklärt worden ist und diese nach § 8 Abs. 1 eingewilligt hat.

aa) Vorbemerkung zur Indikation für eine vorgeburtliche genetische Untersuchung

Grundsätzlich wird davon ausgegangen, dass ärztliche Eingriffe nur vorgenommen werden dürfen, wenn eine Indikation besteht.[141] Die Indikation ist damit eine „Grundvoraussetzung" ärztlichen Handelns.[142] Eine Indikation wird angenommen, wenn „der berufliche Heilauftrag [...] die vorgesehene Maßnahme umfasst und gebietet".[143] Nach anderer Auffassung hat der „Arzt bei jedem Eingriff zu prüfen, ob die Behandlung dem Wohl des Patienten dient."[144] Entscheidend scheint in diesem Zusammenhang zu sein, ob die Schwangere oder das Ungeborene als Patient angesehen werden. Die Schwangere in den Fokus rückend wird angenommen, dass neben einer Risikoschwangerschaft schon eine Angstindikation oder eine psychische Indikation zur Vornahme einer Pränataldiagnostik ausreiche.[145]

Bei isolierter Betrachtung der Interessen des Ungeborenen wäre das Risiko einer invasiven Untersuchung hingegen zumindest nur dann in Kauf zu nehmen, wenn die Heilungschancen das Risiko überwiegen. Dies wäre bei unheilbaren Erkrankungen von vornherein ausgeschlossen. Zu erwähnen ist in diesem Zusammenhang aber, dass der Test auf fetale DNS und auch Ultraschalluntersuchungen nach gegenwärtigem Kenntnisstand keinerlei Risiken bergen.

Zu Recht wird im Hinblick auf die vorstehende Problematik auch von der „Abschaffung [...] des Indikationskonzepts" in der Pränataldiagnostik gesprochen.[146] Das GenDG lasse diese Praxis zu und eröffne den Weg zu einer „reinen Gefälligkeitsdiagnostik".[147]

Auf die verfassungsrechtliche Relevanz der Interessen des Ungeborenen und auf das Verhältnis zu den Interessen der Schwangeren wird noch näher einzugehen sein.[148]

---

141 Die grundsätzlich begrenzende Funktion der Indikation feststellend auch: *Bauer*, Indikationserfordernis und ärztliche Therapiefreiheit, S. 4 f.; *Ratzel*, GesR 2009, 281 (282 f.).

142 *Laufs* in: Laufs/Katzenmeier/Lipp Arztrecht, S. 18, Rn. 29.

143 *Laufs* in: Laufs/Katzenmeier/Lipp Arztrecht, S. 18, Rn. 29.

144 OLG Düsseldorf, NJW 1985, 684 (684).

145 Vgl. *Hillmer*, Patientenstatus und Rechtsstatus von Frau und Fötus im Entwicklungsprozeß der Pränatalmedizin, S. 77 f.

146 *Damm/Schulte in den Bäumen*, KritV 2005, 101 (119).

147 *Joerden/Uhlig* in: Steger/Ehm/Tchirikov, Pränatale Diagnostik und Therapie in Ethik, Medizin und Recht, S. 101.

148 Dazu: 3. Kapitel, C. II. 1. c) und II.

bb) Vorgeburtliche genetische Untersuchungen zu medizinischen Zwecken

Nach § 3 Nr. 6 GenDG ist genetische Untersuchung zu medizinischen Zwecken eine diagnostische oder eine prädiktive genetische Untersuchung. Diagnostische und prädiktive genetische Untersuchungen sind ebenfalls definiert.

Nach § 3 Nr. 7 ist eine diagnostische genetische Untersuchung eine genetische Untersuchung mit dem Ziel der Abklärung einer bereits bestehenden Erkrankung oder gesundheitlichen Störung (lit. a)), der Abklärung, ob genetische Eigenschaften vorliegen, die zusammen mit der Einwirkung bestimmter äußerer Faktoren oder Fremdstoffe eine Erkrankung oder gesundheitliche Störung auslösen können (lit. b)), der Abklärung, ob genetische Eigenschaften vorliegen, die die Wirkung eines Arzneimittels beeinflussen können (lit. c)), oder der Abklärung, ob genetische Eigenschaften vorliegen, die den Eintritt einer möglichen Erkrankung oder gesundheitlichen Störung ganz oder teilweise verhindern können (lit. d)).

Gemäß § 3 Nr. 8 schließlich ist prädiktive genetische Untersuchung eine genetische Untersuchung mit dem Ziel der Abklärung einer erst zukünftig auftretenden Erkrankung oder gesundheitlichen Störung (lit. a)) oder einer Anlageträgerschaft für Erkrankungen oder gesundheitliche Störungen bei Nachkommen (lit. b)).

Es kann somit festgehalten werden, dass genetische Untersuchungen zu medizinischen Zwecken (mit Ausnahme von Nr. 7 lit. c)) auf die Abklärung bestehender oder zukünftig auftretender Erkrankungen oder gesundheitlichen Störungen gerichtet sind.[149] Genetische Untersuchungen mit anderen Zweckrichtungen sind demnach nicht erfasst.[150]

Die Definition genetischer Untersuchungen zu medizinischen Zwecken in § 3 Nr. 6 GenDG wird von Teilen der Literatur jedoch nicht auf die in § 15 Abs. 1 S. 1 GenDG vorgenommene gleichlautende Begrenzung angewandt, weil die Begrifflichkeit auch der Abgrenzung zu genetischen Untersuchungen zur Klärung der Abstammung, im Versicherungsbereich und im Arbeitsleben diene (§ 2 Abs. 1 GenDG). Bisweilen wird deshalb wohl zur Auslegung des medizinischen Zwecks auf ein allgemeines Verständnis rekurriert.[151] Der Duden etwa definiert die Medizin als die „Wissenschaft vom gesunden und kranken Organismus, von seinen Krankheiten, ihrer Verhütung und Heilung“[152]. Die Existenz abweichender Definitionen stellt freilich die Allgemeingültigkeit dieser Definition erheblich in

149 *Stockter* in: Prütting Fachanwaltskommentar Medizinrecht, § 3 GenDG, Rn. 43.

150 BT-Drucks. 16/10532, S. 21.

151 So *Kern* in: Kern GenDG, § 2, Rn. 3.

152 http://www.duden.de/rechtschreibung/Medizin (letzter Zugriff 19.04.2016.)

Frage. Festgehalten werden kann jedoch, dass man mit einem allgemeinen Verständnis wohl zu einem sehr ähnlichen Ergebnis kommt, da im Zentrum verschiedenster Definitionsansätze jedenfalls der Begriff der Krankheit steht. Eine Entscheidung darüber, ob die Begriffsbestimmungen auch auf § 15 Abs. 1 S. 1 GenDG anzuwenden sind, kann also dahinstehen.

cc) Das Problem der Kurationsmöglichkeit

Es bleibt zu klären, was unter einer Erkrankung oder gesundheitlichen Störung zu verstehen ist. Denn teilweise wird angenommen, dass unter genetischen Untersuchungen zu medizinischen Zwecken nur solche zu verstehen sind, die auf die Abklärung von therapierbaren Erkrankungen abzielen.[153] Der Begriffsbestimmung des § 3 Nr. 6 GenDG, lässt sich eine solche Beschränkung auf therapierbare Erkrankungen allerdings nicht entnehmen.[154]

Zur Exegese der Begriffe einer Erkrankung oder gesundheitlichen Störung vermag das GenDG selbst keinen Ertrag zu liefern. Auch eine allgemeine Definition des Krankheitsbegriffs existiert nicht.[155] Für die vorliegenden Zwecke offenkundig unbrauchbar ist etwa der sehr weite Gesundheitsbegriff der World Health Organization (WHO): „Health is a state of complete physical, mental and social well-being and not merely the absence of disease or infirmity."[156]

Soweit ersichtlich existiert auch keine gesetzliche Definition.[157] Vielmehr wird der Begriff in verschiedenen Rechtsgebieten – etwa im Sozialrecht oder im Recht der privaten Krankenversicherung (PKV) – mit unterschiedlichen Inhalten ausgefüllt.[158]

Nach der Rechtsprechung des Bundessozialgerichts ist Krankheit im Sinne des SGB V „ein regelwidriger, vom Leitbild des gesunden Menschen abweichender

---

153 So *Gärditz*, Gutachtliche Stellungnahme zur Zulässigkeit des Diagnoseprodukts „PraenaTest", S. 14.

154 *Taupitz* in: Günther/Taupitz/Kaiser ESchG, B.III., Rn. 27, Fn. 212; im Ergebnis ebenso aber mit abzulehnender Schlussfolgerung: *Schächinger*, Menschenwürde und Menschheitswürde, S. 252.

155 *Keil*, Rechtsfragen der individualisierten Medizin, S. 202.

156 Abrufbar unter: http://www.who.int/governance/eb/who_constitution_en.pdf?ua=1; für rechtliche Fragen unbrauchbar wird der Begriff der WHO auch bewertet von *Keil*, Rechtsfragen der individualisierten Medizin, S. 202; so im Ergebnis auch: Richtlinie der Gendiagnostik-Kommission gemäß § 23 Abs. 2 Nr. 1d GenDG, Bundesgesundheitsblatt 2013, S. 1028 (1029).

157 So auch *Nolte* in: Körner/Leitherer/Mutschler Kasseler Kommentar zum Sozialversicherungsrecht, § 27 SGB V, Rn. 9.

158 *Schäfer* in: Igl/Welti Gesundheitsrecht, Rn. 717.

Körper- oder Geisteszustand, der ärztlicher Behandlung bedarf oder den Betroffenen arbeitsunfähig macht."[159]

Im PKV-Recht haben Rechtsprechung und Literatur hingegen einen divergierenden Begriff entwickelt. Krankheit sei „ein anomaler körperlicher oder geistiger Zustand,[160] der eine nicht ganz unerhebliche Störung körperlicher oder geistiger Funktionen mit sich bringt."[161]

Wieder anders auszulegen ist der Begriff im Arzneimittelrecht. Dort wird er definiert als „jede, also auch eine nur unerhebliche oder vorübergehende Störung der normalen Beschaffenheit oder der normalen Tätigkeit des Körpers, die geheilt werden kann."[162]

Im Strafrecht schließlich wird unter einer Gesundheitsschädigung im Sinne des § 223 StGB zwar überwiegend das Hervorrufen oder Steigern eines pathologischen oder krankhaften Zustands verstanden[163] und kann insoweit nicht weiterhelfen; teilweise wird aber auch ein vom Normalzustand der körperlichen Funktionen des Menschen nachteilig abweichender Zustand gefordert.[164]

Gemeinsam ist den Definitionen allerdings, dass sie von einem Körper- oder Geisteszustand ausgehen, der nicht dem „Normalfall" entspricht.[165] Hinsichtlich der Erheblichkeit der Krankheit wird jedoch je nach Sachgebiet unterschieden. Geringste Anforderungen werden im Arzneimittelrecht erhoben. Im Strafrecht werden auch nur vorrübergehende Zustände erfasst. Die sozialrechtliche Definition ist auf die Gewährung von Leistungen der gesetzlichen Krankenversicherung ausgerichtet und legt mit der Wendung „der ärztlicher Behandlung bedarf" die Schwelle fest, deren Überschreitung die Leistungspflicht auslöst.[166] Im PKV-Recht hingegen wird zwischen dem Krankheitsbegriff und dem Begriff der medizinischen Notwendigkeit – als ein die Leistungspflicht auslösendes Merkmal – differenziert.

Die unterschiedlichen Anforderungen an die Erheblichkeit in den jeweiligen Sachgebieten sollen jedoch dahingestellt bleiben. Denn der Gesetzgeber hat

---

159 BSG, NZS 2014, 742 (744).
160 BGHZ 158, 166 (170).
161 *Schäfer* in: Igl/Welti Gesundheitsrecht, Rn. 717.
162 BGH NJW 1958, 916.
163 BGH NJW 1998, 833 (835); *Eser/Sternberg-Lieben* in: Schönke/Schöder StGB, § 223, Rn. 5. *Eschelbach* in: v. Heintschel-Heinegg, BeckOK StGB, § 223, Rn. 24.
164 *Eschelbach* in: v. Heintschel-Heinegg, BeckOK StGB, § 223, Rn. 24.
165 Dieses Fazit zieht auch *Keil*, Rechtsfragen der individualisierten Medizin, S. 204.
166 *Nolte* in: Körner/Leitherer/Mutschler Kasseler Kommentar zum Sozialversicherungsrecht, § 27 SGB V, Rn. 9a.

hinreichend deutlich gemacht, was nicht als Krankheit und gesundheitliche Störung im Sinne des Gesetzes anzusehen ist. Ausweislich der Begründung werden beispielsweise Untersuchungen im Hinblick auf die Eignung als Organspender ausgenommen.[167] Entscheidend ist aber vielmehr, dass alle Begriffe zwar eine Untergrenze enthalten, eine Begrenzung nach oben – etwa hinsichtlich der Therapierbarkeit – findet sich hingegen nur im arzneimittelrechtlichen Krankheitsbegriff. Von einer Allgemeingültigkeit oder der Übertragbarkeit dieser Voraussetzung kann allerdings nicht ausgegangen werden, da diese eben nur in einer der genannten Definitionen auftaucht und funktionell auf den Regelungsbereich ausgerichtet ist.

Dass als vorgeburtliche genetische Untersuchungen zu medizinischen Zwecken nur solche zu verstehen sind, die auf die Abklärung behandelbarer Erkrankungen oder gesundheitlicher Störungen zielen, ergibt sich nach dem Gesagten nicht schon aus dem Begriff der Krankheit.

Etwas anderes könnte sich aus systematischen Erwägungen ergeben. Denn nach einem Ansatz in der Literatur soll der medizinische Zweck dem Begriff der Krankenbehandlung aus § 27 Abs. 1 S. 1 SGB V gleichzusetzen sein.[168] Danach besteht ein Anspruch auf Krankenbehandlung, wenn sie notwendig ist, um eine Krankheit zu erkennen, zu heilen, ihre Verschlimmerung zu verhüten oder Krankheitsbeschwerden zu lindern. Zwar lässt sich dem Wortlaut der Norm nicht entnehmen, dass diese einen Anspruch auf das bloße Erkennen der einer Krankheit soweit die eine Heilung derselben ausgeschlossen ist nicht gewährt, allerdings wird eben dies angenommen, weil der bloßen Diagnose keine Bedeutung für die Leistungsgewährung zukomme, ohne das Aussicht auf Therapie bestehe.[169] Unabhängig davon, ob man diese Ansicht teilt, kann sie im Ergebnis nicht überzeugen, weil die Übertragbarkeit dieser am Leistungsanspruch orientierten Sichtweise wiederum äußerst fraglich ist.[170] Die Ausfüllung der Begrifflichkeit des medizinischen Zwecks mit einem bestimmten Krankheitsbegriff ist darüber hinaus insgesamt sehr problematisch. Verwendete man einen Krankheitsbegriff ohne jegliche Begrenzung, wie dies etwa durch einen Umkehrschluss aus der

---

167 BT-Drucks. 16/10532, S. 21.

168 *Gärditz*, Gutachtliche Stellungnahme zur Zulässigkeit des Diagnoseprodukts „PraenaTest", S. 14.

169 *Nolte* in: Körner/Leitherer/Mutschler Kasseler Kommentar zum Sozialversicherungsrecht, § 27 SGB V, Rn. 49.

170 So auch *Stockter* in: Prütting Fachanwaltskommentar Medizinrecht, § 3 GenDG, Rn. 44; A.A. ohne Begründung *Gärditz*, Gutachtliche Stellungnahme zur Zulässigkeit des Diagnoseprodukts „PraenaTest", S. 14.

Gesundheitsdefinition der WHO[171] der Fall wäre, unterläge die Zulässigkeit der vorgeburtlichen genetischen Untersuchung insoweit keinerlei Beschränkung.[172] Damit würde der Wille des Gesetzgerbers, der eine Beschränkung ausdrücklich vorsieht, konterkariert. Ginge man hingegen von einem Krankheitsbegriff aus, der eine Begrenzung enthält – wie etwa durch die oben erörterte Definition der Krankheit als Abweichung vom „Normalen" – würde man sich dem Vorwurf aussetzen, durch implizite Wertungen dem Antidiskriminierungsanliegen (§ 4 GenDG) des GenDG zu widersprechen.[173]

Gegen eine zwingende Voraussetzung der Kurationsmöglichkeit im Rahmen der Begrifflichkeit des „medizinischen Zwecks" spricht darüber hinaus ein gewichtiges systematisches Argument. Die Kurationsmöglichkeit ist in § 14 Abs. 1 Nr. 1 GenDG ausdrücklich als Voraussetzung für die Zulässigkeit einer genetischen Untersuchung bei nicht einwilligungsfähigen Personen angeführt. Bei § 15 Abs. 1 GenDG hingegen wurde darauf verzichtet.[174] Mithin liegt die Vermutung nahe, dass der Gesetzgeber eine vergleichbar starke Einschränkung im Rahmen des § 15 Abs. 1 GenDG gerade nicht vornehmen wollte. Auch in den §§ 10 Abs. 1 S. 2 und 16 Abs. 1 GenDG hat der Gesetzgeber eine Unterscheidung zwischen behandelbaren und nicht behandelbaren Erkrankungen getroffen.[175]

Schließlich kann auch ein systematischer Rückgriff auf die Wertung des § 3a ESchG nicht überzeugen, der genetische Untersuchungen an Embryonen in vitro weitgehend zu verbieten scheint. Denn man könnte die Überlegung anstellen, dass es systematisch sinnwidrig wäre, genetische Untersuchungen in vivo weitgehend freizustellen, wenn doch genetische Untersuchungen in vitro weitgehend erlaubt sind. Allerdings würden die vorgenannten systematischen Erwägungen zu einer Ausweitung der Strafbarkeit der Vornahme einer vorgeburtlichen genetischen Untersuchung nach § 25 Abs. 1 Nr. 3 GenDG führen, die vor dem Hintergrund des Art. 103 Abs. 2 GG nicht vertretbar wäre.[176]

---

171 „Health is a state of complete physical, mental and social well-being and not merely the absence of disease or infirmity." (Constitution of the World Health Organization, abrufbar unter: http://www.who.int/governance/eb/who_constitution_en.pdf?ua=1)

172 So auch für den Krankheitsbegriff bei *Stockter* in: Prütting Fachanwaltskommentar Medizinrecht, § 3 GenDG, Rn. 44.

173 Richtlinie der Gendiagnostik-Kommission gemäß § 23 Abs. 2 Nr. 1d GenDG, Bundesgesundheitsblatt 2013, S. 1028 (1029).

174 Vgl. *Kern/Reuner* in: Kern GenDG, § 15, Rn. 3.

175 *Stockter* in: Prütting Fachanwaltskommentar Medizinrecht, § 3 GenDG, Rn. 44.

176 So auch *Hufen*, Zur verfassungsrechtlichen Beurteilung frühzeitiger pränataler Diagnostik (Rechtsgutachten), S. 13 f.

Der Begrenzung des medizinischen Zwecks durch eine Voraussetzung der Kurationsmöglichkeit muss nach alledem eine Absage erteilt werden.

dd) Das Verhältnis zu den weiteren Tatbestandsmerkmalen

Das Verhältnis des Tatbestandsmerkmals des medizinischen Zwecks zu den daneben genannten genetischen Eigenschaften wirft zahlreiche Fragen auf.

Zunächst fällt auf, dass die beiden Normteile durch ein „und" verbunden sind. Es scheinen demnach zwei unterschiedliche Voraussetzungen zu sein, die beiderseits vorliegen müssen, um die Zulässigkeit der vorgeburtlichen genetischen Untersuchung bejahen zu können.[177] Für die Annahme eines redaktionellen Versehens und die Ablehnung der Erforderlichkeit einer Kumulation aller Voraussetzungen könnte hingegen der oben angeführte Vergleich mit § 25 Abs. 1 Nr. 3 GenDG sprechen, in dem die medizinischen Zwecke durch ein „oder" mit den genannten genetischen Eigenschaften verknüpft sind. Das Wort „oder" bewirkt unzweifelhaft die Unabhängigkeit der Tatbestandsmerkmale. Freilich könnte man auch das „oder" in § 25 Abs. 1 Nr. 3 GenDG als redaktionelles Versehen ansehen. Denn in der Begründung heißt es, dass eine vorgeburtliche genetische Untersuchung eines Embryos oder Fötus während der Schwangerschaft „nur dann" zulässig ist, „wenn die Untersuchung darauf gerichtet ist, genetische Eigenschaften festzustellen, die die Gesundheit des Embryos oder Fötus vor oder nach der Geburt beeinträchtigen, oder darauf, im Hinblick auf eine vorgesehene medikamentöse Behandlung des Embryos oder Fötus festzustellen, ob die Wirkung eines Arzneimittels durch genetische Eigenschaften beeinflusst wird, also zur Ermöglichung einer optimalen medikamentösen Therapie."[178] Die Formulierung der Gesetzesbegründung legt also nahe, dass der zweite Normteil als abschließende Erklärung des medizinischen Zwecks zu verstehen ist.

Gegen das von der Gesetzesbegründung nahegelegte Verständnis, bei dem die genannten genetischen Eigenschaften eine abschließende Ausfüllung der Begrifflichkeit des medizinischen Zwecks darstellen, spricht allerdings Folgendes: Die Zweckrichtungen (Gesundheitsbeeinträchtigung/Arzneimittelwirksamkeit) von § 15 Abs. 1 S. 1 GenDG finden zwar in § 3 Nr. 7 und 8 GenDG (Erkrankung oder gesundheitliche Störung/Arzneimittelwirksamkeit) wohl ihre Entsprechung, werden aber in § 15 Abs. 1 S. 1 GenDG um das Kriterium des allgemein anerkannten Standes der Wissenschaft und Technik erweitert. Endgültig unmöglich wird ein Verständnis der Norm im vorgenannte Sinne aber durch

177 So *Eberbach*, MedR 2010, S. 155 (158).

178 BT-Drucks. 16/10532, S. 32.

das Wort „soweit". Denn dieses kann ausschließlich eine Abweichung von der Begrifflichkeit des medizinischen Zwecks bedeuten. Schließlich wäre die Nennung des medizinischen Zwecks überflüssig, wenn sie abschließend durch den weiteren Regelungsgehalt ausgefüllt würde.

d) Ergebnisse

Nach einhelliger Meinung ist die Zulässigkeit der Pränataldiagnostik durch die gegenwärtige Regelung nur in den Fällen eingeschränkt, in denen die vorgeburtliche genetische Untersuchung auf genetische Eigenschaften gerichtet ist, die keinen krankheitsrelevanten Bezug haben, wie etwa bei genetischen Eigenschaften die über die Haarfarbe, das Geschlecht oder das Aussehen des Ungeborenen entscheiden.[179] Ein Verbot vorgeburtlicher genetischer Untersuchungen zur Abklärung von Erkrankungen, deren Therapierbarkeit ausgeschlossen ist, konnte hingegen nicht überzeugend begründet werden.

Die durch die Gesetzesbegründung exemplarisch genannten Verfahren der vorgeburtlichen genetischen Untersuchung sind: Fruchtwasseruntersuchungen (Amnionzentese), Untersuchungen an Chorionzotten oder an fetalem Nabelschnurblut aber auch Triple-Tests oder Nackenfaltenmessungen im Rahmen einer Ultraschalluntersuchung.[180]

4. Fällt der Test auf fetale DNS im mütterlichen Blut unter § 25 Abs. 1 Nr. 3 i.V.m. § 15 Abs. 1 S. 1 GenDG?

Im Zuge der Markteinführung des Tests auf fetale DNS im mütterlichen Blut wurde diskutiert, ob diese Untersuchungsmethode von § 25 Abs. 1 Nr. 3 i.V.m. § 15 Abs. 1 S. 1 GenDG erfasst ist.

Eine Ansicht geht davon aus, dass der Test auf fetale DNS im mütterlichen Blut nicht von der Regelung erfasst sei.[181] Bei der Untersuchung des Blutes der Mutter handle es sich nicht um eine vorgeburtliche genetische Untersuchung des Embryos oder Fötus. Diese nicht auf den ersten Blick erkennbare Problematik,

---

179 *Kern/Reuner* in: Kern GenDG, § 15 Rn. 5; *Fenger* in: Spickhoff, Medizinrecht, GenDG § 15, Rn. 1; *Häberle* in: Erbs/Kohlhaas Strafrechtliche Nebengesetze, G 25 (GenDG), § 15, Rn. 2.

180 BT-Drucks. 16/10532, S. 32.

181 *Lindner*, MedR, 2013, 288 ff.; *Stockter* in: Fachanwaltskommentar Medizinrecht, § 3 GenDG, Rn. 27; unentschlossen *Kern*, Das GenDG – Rechtsfragen der Humangenetik, S. 49 und 55; vgl. auch *Torbohm*, Genetische Informationen im Familienverbund, S. 161 f.; a.A. wohl *Gärditz*, Gutachtliche Stellungnahme zur Zulässigkeit des Diagnoseprodukts „PraenaTest", S. 12 ff.

resultiert aus dem in § 15 Abs. 1 S. 1 GenDG verwendeten Begriff der genetischen Untersuchung, der – wie gesehen – in § 3 Nr. 1 GenDG legal definiert ist. Danach ist eine genetische Untersuchung eine auf den Untersuchungszweck gerichtete genetische Analyse zur Feststellung genetischer Eigenschaften (lit. a) oder eine vorgeburtliche Risikoabklärung (lit. b). Eine genetische Analyse sei aber in dem Test auf fetale DNS im mütterlichen Blut nicht zu sehen, da dieser eben nicht der „Feststellung" genetischer Eigenschaften diene, sondern nur die Wahrscheinlichkeit für das Vorliegen genetischer Eigenschaften bestimme.[182]

Doch auch die Einordnung des Tests auf fetale DNS im mütterlichen Blut als vorgeburtliche Risikoabklärung könne bei genauerer Betrachtung nicht erfolgen.[183] Denn eine vorgeburtliche Risikoabklärung ist nach § 3 Nr. 3 GenDG eine Untersuchung des Embryos oder Fötus, mit der die Wahrscheinlichkeit für das Vorliegen bestimmter genetischer Eigenschaften mit Bedeutung für eine Erkrankung oder gesundheitliche Störung ermittelt werden soll. Eine Untersuchung des Embryos oder Fötus oder eines Körperbestandteils finde aber gerade nicht statt, da lediglich das Blut der Mutter untersucht werde.[184]

Dieser Ansatz verkennt zunächst in tatsächlicher Hinsicht, dass zumindest auch Körperbestandteile des Embryos oder Fötus – nämlich Bruchstücke der fetalen DNS – untersucht werden. Gleichwohl ist der Test auf fetale DNS im mütterlichen Blut nicht denkbar ohne auch Körperbestandteile der Mutter – nämlich ihre DNS – zu untersuchen.

Doch auch in rechtlicher Hinsicht bedarf es einer genaueren Betrachtung. Die Ansicht, dass der Test auf fetale DNS im mütterlichen Blut nicht unter § 3 Nr. 1 lit. a GenDG (genetische Analyse) zu subsumieren sei, wird an dem Begriff der „Feststellung" festgemacht. Fraglich ist mithin, unter welchen Umständen von der „Feststellung" genetischer Eigenschaften gesprochen werden kann. Wenn man nun etwa der Meinung wäre, ein Test, dessen Ergebnis zu 95 % richtig ist, sei nur eine Wahrscheinlichkeitsangabe und keine „Feststellung"[185], dann scheint die Ergebnissicherheit des Verfahrens darüber zu entscheiden, ob es sich um die „Feststellung" genetischer Eigenschaften in diesem Sinne handelt.

Eine Unterscheidung hinsichtlich der Ergebnissicherheit könnte nun auch im Wortlaut des § 3 GenDG angelegt zu sein. Dieser nennt in § 3 Nr. 2 GenDG

---

182 *Lindner*, MedR, 2013, 288 (289).

183 *Lindner*, MedR, 2013, 288 (289).

184 *Lindner*, MedR, 2013, 288 (289 f.); vgl. auch *Stockter* in: Fachanwaltskommentar Medizinrecht, § 3 GenDG, Rn. 29.

185 Von welchen Werten *Lindner*, MedR, 2013, 288 ausgeht ist nicht ersichtlich.

den Begriff der „Feststellung" und in § 3 Nr. 3 GenDG den Begriff der „Wahrscheinlichkeit". Wenn aus dem Begriff der „Feststellung" selbst noch nicht auf eine sichere Aussage geschlossen werden kann, dann könnte sich dies jedoch im Umkehrschluss aus § 3 Nr. 3 GenDG ergeben. Auch die Gesetzesbegründung scheint diese Sichtweise zu stützen, da dort erläutert wird, dass durch § 3 Nr. 1 lit. a GenDG „die genetischen Untersuchungen erfasst [werden], die [...] der sicheren Feststellung genetischer Eigenschaften [...] dienen."[186] Die Vermutung, dass der Begriff der „Feststellung" für ein Höchstmaß an Ergebnissicherheit stehen soll, wird somit durch den Zusatz „sichere" Feststellung bestärkt. Diese Abgrenzung wird auch dadurch bekräftigt, dass in der Begründung ausgeführt wird, die vorgeburtliche Risikoabklärung ziele „lediglich" auf die Abklärung der Wahrscheinlichkeit für das Vorliegen bestimmter genetischer Eigenschaften.[187] Dies scheint die vorgeburtliche Risikoabklärung qualitativ herabzustufen.

Genauer betrachtet kann die Ergebnissicherheit jedoch nicht das entscheidende Abgrenzungskriterium darstellen. Denn eine Untersuchung, die die Wahrscheinlichkeit für das Vorliegen genetischer Eigenschaften ermitteln soll, kann auch zum Ergebnis haben, dass die Wahrscheinlichkeit bei 100 % liegt, das Vorliegen der Eigenschaften also sicher ist.

Der Begriff der „Feststellung" könnte hingegen so zu verstehen sein, dass eine auf Feststellung gerichtete Analyse im Ergebnis das Vorliegen einer genetischen Eigenschaft bejaht oder verneint. Im Gegensatz dazu sagt eine vorgeburtliche Risikoabklärung nichts über das tatsächliche Vorliegen oder Nichtvorliegen einer genetischen Eigenschaft aus, sondern trifft eine Aussage über die statistische Häufigkeit des Vorliegens bestimmter genetischer Eigenschaften beruhend auf festgestellten Parametern (etwa der Nackentransparenz). Aus den zur Verfügung stehenden Parametern kann streng genommen keine Aussage über Bestehen oder Nichtbestehen genetischer Eigenschaften getroffen werden, weil von den Parametern gewissermaßen mittelbar rechnerisch auf die genetische Eigenschaft rückgeschlossen wird.

Die konkrete Ergebnissicherheit des Verfahrens ist demnach für die Abgrenzung der beiden Alternativen des § 3 Nr. 1 GenDG ohne Bedeutung. Vielmehr wird eine auf tatsächlichen Verfahrensvoraussetzungen beruhende Unterscheidung der Zielrichtung vorgenommen. Im Rahmen von § 3 Nr. 2 GenDG wird eine Aussage über das Bestehen oder Nichtbestehen getroffen, bei der je nach Untersuchungsmethode bestimmte Fehlerpotentiale in Kauf zu nehmen sind.

186 BT-Drucks. 16/10532, S. 20.
187 BT-Drucks. 16/10532, S. 21.

Im Rahmen von § 3 Nr. 3 GenDG wird hingegen nicht versucht, eine Aussage über das Bestehen oder Nichtbestehen genetischer Eigenschaften zu treffen, weil die zur Verfügung stehenden Parameter dies von vornherein nicht zulassen. Ziel der Untersuchung ist eine Wahrscheinlichkeitsangabe, in die ebenfalls die jeweiligen Fehlerpotentiale einzubeziehen sind.

Auch der Sinn und Zweck des § 3 Nr. 3 GenDG kann die vorstehende Sichtweise untermauern. Denn die Intention des Gesetzgebers war es, durch die Normierung des § 3 Nr. 3 GenDG im sensiblen vorgeburtlichen Stadium den Anwendungsbereich des Gesetztes zu erweitern.[188] Wesentliche Funktion des § 3 Nr. 3 GenDG ist, die vom Anwendungsbereich des § 3 Nr. 2 GenDG ausgenommenen Phänotyp-Untersuchungen im vorgeburtlichen Stadium einzubeziehen. Das Herausfallen bestimmter Verfahren aus dem Anwendungsbereich widerspräche auch dem Sinn und Zweck des Gesetzes, Missbrauchsgefahren zu begegnen.[189] Der Gesetzgeber wollte hingegen keinesfalls bestimmte unsichere Verfahren aus dem Anwendungsbereich herauszunehmen.

Der Test auf fetale DNS im mütterlichen Blut ist mithin vom Begriff der „Feststellung" erfasst und wird schließlich auch nicht durch den Katalog der Analysemethoden des § 3 Nr. 2 GenDG vom Anwendungsbereich ausgeschlossen, da sie als molekulargenetische Analyse lit. b) unterfällt.[190]

5. *Die Verbote des § 15 Abs. 1 S. 2 und Abs. 2 GenDG*

Wird anlässlich einer Untersuchung nach § 15 Abs. 1 S. 1 GenDG oder einer sonstigen vorgeburtlichen Untersuchung das Geschlecht eines Embryos oder Fötus festgestellt, kann dies der Schwangeren gemäß § 15 Abs. 1 S. 2 GenDG mit ihrer Einwilligung nach Ablauf der zwölften Schwangerschaftswoche mitgeteilt werden. Die Regelung soll verhindern, dass die Schwangerschaft wegen eines unerwünschten Geschlechts nach § 218a Abs. 1 StGB abgebrochen werden kann. Allerdings wird ein Zuwiderhandeln nicht sanktioniert. Über die Sinnhaftigkeit sanktionsloser Verbote lässt sich trefflich streiten.[191]

---

188 Vgl. BT-Drucks. 16/10532, S. 17.

189 BT-Drucks. 16/10532, S. 19.

190 Zwar ohne Begründung aber im Ergebnis so auch: Richtlinie der Gendiagnostik-Kommission gemäß § 23 Abs. 2 Nr. 5 GenDG, Bundesgesundheitsblatt 2013: 7, 1023 f; ähnlich *Hufen*, Zur verfassungsrechtlichen Beurteilung frühzeitiger pränataler Diagnostik (Rechtsgutachten), S. 15.

191 Zur rechtsbewusstseinsbildenden Kraft kritisch BVerfGE 88, 203 abw. Meinung *Marenholz/Sommer*, 338 (355); den Appellcharakter betonend *Sendler*, NJW 1995, 2829 (2830).

Nach § 15 Abs. 2 GenDG darf eine vorgeburtliche genetische Untersuchung, die darauf abzielt, genetische Eigenschaften des Embryos oder des Fötus für eine Erkrankung festzustellen, die nach dem allgemein anerkannten Stand der medizinischen Wissenschaft und Technik erst nach Vollendung des 18. Lebensjahres ausbricht, nicht vorgenommen werden. Auch das Verbot jener Untersuchungen, die der Abklärung sogenannter spätmanifestierender Erkrankungen dienen, ist sanktionslos ausgestaltet. Allerdings wäre ein Schadensersatzanspruch nach § 823 Abs. 2 BGB i.V.m. einer der genannten Regelungen des § 15 GenDG denkbar.[192]

III. Ergebnis

Die Analyse des Regelungsgehalts des § 25 Abs. 1 Nr. 3 i.V.m. § 15 Abs. 1 GenDG hat gezeigt, dass vorgeburtliche genetische Untersuchungen, die der Abklärung krankheitsrelevanter genetischer Eigenschaften dienen, nicht unter Strafe gestellt sind. Da auch keine Einschränkung bestimmter Untersuchungsmethoden vorgenommen wurde, ist ein umfassendes Spektrum der gegenwärtig praxisrelevanten Pränataldiagnostik nach derzeitiger Rechtslage erlaubt.

Im Hinblick auf die Regelung der Präimplantationsdiagnostik kann resümiert werden, dass alle relevanten Untersuchungsmethoden von der Regelung erfasst sind und die Vornahme nur im Ausnahmefall zulässig ist.

Nach alledem kann festgehalten werden, dass die Regelung der Pränataldiagnostik deutlich geringere Restriktionen enthält als jene der Präimplantationsdiagnostik.[193]

B. Die verfassungsrechtliche Relevanz eines Widerspruchs

Im Rahmen dieser Arbeit wird die als Wertungswiderspruch bezeichnete Inkonsistenz zwischen § 3a ESchG und § 25 Abs. 1 Nr. 3 i.V.m. § 15 Abs. 1 S. 1 GenDG im Hinblick auf ihre verfassungsrechtliche Relevanz untersucht. Denn aus dem Umstand, dass die Widerspruchsfreiheit der Rechtsordnung rechtspolitisch wünschenswert ist, können keine rechtserheblichen Folgerungen abgeleitet werden. Auch die Feststellung, dass ein Wertungswiderspruch mit der Idee der Gerechtigkeit nicht zu vereinbaren sei, reicht für sich genommen nicht aus.[194] Die Inkonsistenz könnte allerdings aus folgenden Erwägungen verfassungsrechtliche Relevanz entfalten.

---

192 Vgl. BGH VersR 2014, 891 (894).

193 So auch *Torbohm*, Genetische Informationen im Familienverbund, S. 257.

194 Vgl.: *Larenz*, Methodenlehre der Rechtswissenschaft, Studienausgabe, S. 222.

Grundrechtliche Wertungen sollten – vor dem Hintergrund der Normenhierarchie – in den einfachen Gesetzen abgebildet sein. Ist dies der Fall, ergibt sich in vertikaler Hinsicht ein konsistentes Bild. Vorliegend scheint jedoch eine Inkonsistenz in horizontaler Hinsicht, also zwischen zwei einfachgesetzlichen Regelungen, zu bestehen. Diese könnte sich daraus ergeben, dass eine grundrechtliche Wertung in divergierender Weise umgesetzt wurde. Denn wenn eine grundrechtliche Wertung von einer der beiden einfachgesetzlichen Normen umgesetzt wird, widerspricht eben jene nicht nur der grundrechtlichen Wertung, sondern auch der einfachgesetzlichen Norm, welche die grundrechtliche Wertung ordnungsgemäß abbildet. Dafür müsste jedoch zunächst herausgearbeitet werden, dass eine grundrechtliche Wertung für beide einfachgesetzlich geregelten Fälle Wirkung entfaltet. Verfassungsrechtliche Relevanz ist aber erst dann erreicht, wenn eine der beiden Regelungen für sich genommen gegen Verfassungsrecht verstößt.

Eine besondere Funktion scheint dabei der allgemeine Gleichheitssatz einzunehmen, da seiner Dogmatik eine Vergleichssituation zugrunde liegt, die für die Annahme eines Wertungswiderspruchs ebenfalls konstituierend ist.

Die verfassungsrechtliche Relevanz eines Wertungswiderspruchs könnte sich darüber hinaus daraus ergeben, dass das Verhältnis der Regelungen untereinander unmittelbar, in horizontaler Hinsicht, gegen ein verfassungsrechtliches Gebot der Widerspruchsfreiheit der Rechtsordnung verstößt.

3. Kapitel: Grundrechtliche Wertungen

A. Einleitung

Die Überprüfung der Einhaltung der grundrechtlichen Wertungen durch Regelungen zur präimplantiven und pränatalen Diagnostik wird ihren Fokus auf zwei Aspekte richten. Sowohl die Präimplantationsdiagnostik als auch die Pränataldiagnostik werden insbesondere mit der Selektion normabweichenden Lebens in Zusammenhang gebracht. Der Begriff Selektion wird dabei nicht als bloße Auswahl, sondern vielmehr als Vernichtung der Aussortierten verstanden. Deshalb soll die Untersuchung insoweit auf das Recht auf Leben und das Verbot der Diskriminierung wegen einer Behinderung beschränkt werden.

Der Untersuchung des Grundrechts auf Leben soll gegenüber der Untersuchung der Menschenwürde der Vorzug gewährt werden, da nicht nur die hier sehr relevante Frage der Grundrechtsträgerschaft, sondern auch die wichtige Problematik der Grundrechtsgefährdungen tendenziell enger mit Art. 2 Abs. 2 S. 1 GG verbunden ist. Darüber hinaus ist die Diskussion um die Grundrechtsträgerschaft des Rechts auf Leben maßgeblich durch biologisch-medizinische Begründungsansätze geprägt, die thematisch besonders mit dem reproduktions- und pränatalmedizinischen Kontext harmonieren.

Es bedarf einer weiteren Einschränkung, welche die Regelungen der unterschiedlichen Verfahren betrifft. Zwar könnte man sowohl die Regelung der Präimplantationsdiagnostik als auch jene der Pränataldiagnostik auf den verfassungsrechtlichen Prüfstand stellen. Gleichwohl sollen sich die Ausführungen in diesem Kapitel vorwiegend mit der Regelung der Pränataldiagnostik befassen. Diese Fokussierung ergibt sich insbesondere aus einem höheren rechtswissenschaftlichen Forschungsbedarf zur Regelung der Pränataldiagnostik. Im Gegensatz zur recht hohen Dichte an wissenschaftlichen Arbeiten zur alten und neuen Rechtslage der Präimplantationsdiagnostik, existieren kaum Arbeiten zum GenDG. Des Weiteren liegt bei der Überprüfung eines Verstoßes gegen Art. 2 Abs. 2 S. 1 GG die Vermutung nahe, dass die strengere Regelung, also die der Präimplantationsdiagnostik, den verfassungsrechtlichen Vorgaben zumindest eher entspricht.[195]

---

195 *Czerner*, MedR 2011, 783 (788).

Darüber hinaus soll die aus der gegenwärtigen Rechtslage resultierende Situation Ungeborener in vitro gegenüber jener in vivo im Hinblick auf die Vorgaben des allgemeinen Gleichheitssatzes überprüft werden.

B. Vorüberlegungen zur grundrechtlichen Schutzpflicht

Die Grundrechte statuieren subjektive Rechte des Einzelnen gegenüber der Hoheitsgewalt.[196] Dem entspricht auch das grundlegende – vom Bundesverfassungsgericht begründete – Verfassungsverständnis, dass Grundrechte „in erster Linie […] Abwehrrechte des Bürgers gegen den Staat" sind.[197] Eine unmittelbare Drittwirkung, also eine direkte Wirkung zwischen Privaten, können die Grundrechte hingegen grundsätzlich nicht entfalten.[198] Die zu untersuchenden einfachgesetzlichen Normierungen regeln jedoch die Vornahme genetischer Untersuchungen an Embryonen und Föten durch Private. Denn die Untersuchungen werden regelmäßig durch nicht hoheitlich handelnde Ärzte aufgrund des Wunsches der Patientinnen durchgeführt. Demgemäß kommt möglicherweise nicht nur der gesetzlichen Regelung, sondern auch der nichtstaatlichen Einwirkung auf Grundrechtsgüter verfassungsrechtliche Relevanz zu. Die Entwicklung der – an den Hoheitsträger adressierten – Schutzpflicht soll die verfassungsrechtliche Gewährung der Rechtsgüter des Einzelnen auch gegenüber Privaten ermöglichen.[199] Denn Einwirkungen auf Grundrechtsgüter durch Private können für den Betroffenen genauso belastend sein wie durch einen staatlichen Eingriff.[200]

Nach dem Bundesverfassungsgericht „können sich verfassungsrechtliche Schutzpflichten ergeben, die es gebieten, rechtliche Regelungen so auszugestalten, daß auch die Gefahr von Grundrechtsverletzungen eingedämmt bleibt."[201] Die grundrechtliche Schutzpflicht ist inzwischen fester Bestandteil der Verfassungsrechtsdogmatik und von der weit überwiegenden Meinung anerkannt.[202] Gleichwohl existieren die Herleitung der Schutzpflicht betreffende Unterschiede, deren Ausprägungen im Rahmen dieser Arbeit freilich nur pointiert erörtert werden können.

---

196 *Hardegen* in: Maunz/Dürig GG, Art. 1 Abs. 3, Rn. 13.
197 BVerfGE 7, 198 (204).
198 *Jarass* in: Jarass/Pieroth GG, Art. 1, Rn. 50.
199 *Klein*, NJW 1989, 1633 (1633); zum Verhältnis der Schutzpflicht zur sog. Drittwirkung der Grundrechte ders. a.a.O. S. 1639 f.
200 *Jaeckel*, Schutzpflichten im deutschen und europäischen Recht, S. 17.
201 BVerfGE 49, 89, (142).
202 *Calliess* in: Merten/Papier Handbuch der Grundrechte, § 44, Rn. 8.

Das Bundesverfassungsgericht hat zur Schutzpflichtendogmatik zwei unterschiedliche Begründungsansätze entwickelt. Zum einen leitet es die Schutzpflicht unmittelbar aus dem jeweiligen Grundrecht ab, da die Grundrechte eine objektive Wertordnung verkörperten, aus der die Pflicht des Staates folge, den Einzelnen vor Beeinträchtigungen der durch die Grundrechte verbürgten Rechtsgüter zu bewahren.[203] Ausgehend vom Ehegattenbesteuerungsbeschluss[204] zu Art. 6 Abs. 1 GG hat das Bundesverfassungsgericht objektive Grundrechtsgehalte aus etlichen Grundrechten[205] abgeleitet und sich nicht zuletzt im sogenannten Lüth-Urteil zur Dogmatik der Grundrechte als objektiven Wertordnung bekannt.[206]

Alternativ (oder kumulativ) leitet das Bundesverfassungsgericht die Schutzpflicht aus der Grundnorm des Art. 1 Abs. 1 S. 2 GG in Verbindung mit dem jeweils betroffenen Grundrecht ab. Danach obliege die Erfüllung der Schutzpflicht „aller staatlichen Gewalt (Art. 1 Abs. 1 Satz 2 GG)".[207]

In der verfassungsrechtlichen Literatur wird die Herleitung der Schutzpflicht aus dem objektivrechtlichen Gehalt der Grundrechte stellenweise als zu schwammig kritisiert.[208] Darüber hinaus werde der Gewaltenteilungsgrundsatz durch die Entwicklung zu einem „verfassungsgerichtlichen Jurisdiktionsstaat" beschädigt.[209] Man hat sich zum Teil strenger am Wortlaut orientiert und die Schutzpflicht allein mit Art. 1 Abs. 1 S. 2 GG begründet.[210] Weitere Ansätze deduzieren die Schutzpflicht aus den Grundrechtsschranken – etwa aus Art. 5 Abs. 2 GG. „Wenn die Verfassung aber schon dieses Individualrecht [die Ehre] gegen jedermann wendet und außerdem selbst seinen Schutz gegen jedermann in Angriff nimmt, so wird es erlaubt sein, daraus dasselbe für das ungleich höher stehende Recht auf Leben herzuleiten."[211] Schließlich existieren auch staatstheoretische Begründungsansätze. Nach Thomas Hobbes und John Locke bestünde ein primärer Staatszweck darin, ein sicheres Zusammenleben der Bürger zu ermöglichen. Zu dessen Realisierung bedürfe es einer Schutzpflicht des Staates vor Beeinträchtigungen der Bürger untereinander.[212]

---

203 BVerfGE 39, 1 (41 f.).
204 BVerfGE 6, 55 ff.
205 U.a.: BVerfGE 69, 315 (343); 81, 242 (254).
206 BVerfGE 7, 198 (205).
207 BVerfGE 88, 203 (252).
208 *Isensee* in: Isensee/Kirchhof, HStR Bd. IX, § 191 Rn. 169.
209 *Böckenförde*, Staat, Verfassung, Demokratie, S. 190.
210 *Starck*, Praxis der Verfassungsauslegung, S. 70 f.
211 *Herzog*, JR 1969, 441 (443).
212 *Isensee* in: Isensee/Kirchhof, HStR Bd. IX, § 191 Rn. 181.

Im Ansatz des Bundesverfassungsgerichts bleibt unklar, warum aus der objektiv-rechtlichen Dimension der Grundrechte eine Schutzpflicht folgt. Es wird ferner nicht deutlich, ob die Heranziehung des Art. 1 Abs. 1 S. 2 GG ergänzender oder grundlegender Natur ist.[213] Der Norm lässt sich nicht ohne Weiteres entnehmen, dass eine Schutzpflicht auch für die nachfolgenden Grundrechte und nicht nur für Art. 1 GG bestehen soll (denkbar wäre eine Begründung über die systematische Stellung des Art. 1 Abs. 1 S. 2 GG).[214] Zwar sind beide Begründungsansätze damit nicht falsifiziert, sie müssten jedoch umfassend dogmatisch weiterentwickelt werden.

Zu bezweifeln ist indessen die Ansicht, die Schutzpflichten seien aus qualifizierten Gesetzesvorbehalten abzuleiten. Denn qualifizierte Gesetzesvorbehalte (wie bei Art. 5 Abs. 2 GG) sind auf den spezifischen Schutzbereich des jeweiligen Grundrechts ausgerichtet und keinesfalls zur Ableitung allgemeiner Schutzpflichten geeignet.[215] Ferner ist nicht nachzuvollziehen, warum aus dem Gesetzesvorbehalt als Befugnis in Grundrechte einzugreifen, eine Verpflichtung folgen soll, sie zu schützen.[216]

Der staatstheoretische Begründungsversuch leidet insbesondere an der „außergrundrechtlichen" Herleitung. Die Sicherheit der Bürger als bloße Funktion der Staatlichkeit ist nicht in der Lage, die Schutzpflicht dogmatisch ausreichend zu begründen.[217]

Obwohl die Herleitungsansätze bisweilen stark voneinander abweichen[218], ist die Schutzpflichtenfunktion der Grundrechte fester Bestandteil der Grundrechtsdogmatik geworden.[219] Dieser Befund soll vorliegend ausreichen. Aus dem hier im Fokus stehenden Art. 2 Abs. 2 S. 1 GG leitete das Bundesverfassungsgericht erstmals 1975, im ersten Urteil zum Schwangerschaftsabbruch, eine Pflicht des Staates ab, „sich schützend und fördernd vor das Schutzgut zu stellen, das heißt vor allem, es auch vor rechtswidrigen Eingriffen von Seiten anderer zu bewahren".[220]

---

213 *Klein*, NJW 1989, 1633 (1635).

214 Laut *Dietlein*, Die Lehre von den Grundrechtlichen Schutzpflichten, S. 150 f., Fn. 100, „So die allgemeine Meinung".

215 *Jaeckel*, Schutzpflichten im deutschen und europäischen Recht, S. 44 f.

216 *Unruh*, Zur Dogmatik der grundrechtlichen Schutzpflichten, S. 49.

217 *Isensee* in: Isensee/Kirchhof, HStR Bd. IX, § 191 Rn. 184.

218 Vgl. dazu auch: *Alexy*, Theorie der Grundrechte, S. 410 ff. der die Schutzpflicht mit seiner Prinzipientheorie begründet.

219 *Stern*, DÖV 2010, 241 (247).

220 BVerfGE 39, 1 (42).

C. Das Recht auf Leben des Ungeborenen

Voraussetzung aller weiteren Überlegungen ist, dass Ungeborene Träger des Rechts auf Leben sind. Der Begriff des Ungeborenen soll dabei nicht nur menschliche Früchte erfassen, die sich im Mutterleib befinden (in utero bzw. in vivo), sondern auch jene, die durch künstliche extrakorporale Befruchtung (In-vitro-Fertilisation) erzeugt und noch nicht implantiert wurden. Der Begriff des Ungeborenen soll dabei also den nondum conceptus (lat.: der noch nicht Empfangene; ab der Nidation), den Nasciturus (lat.: der geboren werden wird; ab der Nidation), den Embryo (bis zum Abschluss der Organbildung) und den Fötus (nach dem Abschluss der Organbildung) gleichermaßen abbilden.

I. Das Ungeborene als Grundrechtsträger

Nach Art. 2 Abs. 2 S. 1 GG hat jeder das Recht auf Leben. Die Deutung dieses Rechtssatzes wird insbesondere im Hinblick auf das Ungeborene kontrovers diskutiert. Einigkeit herrscht allerdings dahingehend, dass Träger des Grundrechts aus Art. 2 Abs. 2 S. 1 GG ist, wer die Geburt im Sinne des § 1 BGB vollendet hat.[221] Hoch umstritten ist hingegen, ob bzw. ab wann und in welcher Intensität ungeborenes Leben von Art. 2 Abs. 2 S. 1 GG erfasst ist. Im Zentrum der seit Jahrzehnten währenden Debatte um den pränatalen Lebensschutz, stehen die beiden Urteile des Bundesverfassungsgerichts zum Schwangerschaftsabbruch aus den Jahren 1975[222] und 1993[223].[224] Die Auseinandersetzung der Literatur mit der Thematik und nicht zuletzt mit der – erheblichen Interpretationsspielraum belassenden – Rechtsprechung des Bundesverfassungsgerichts, ist ebenso aktuell wie vielfältig und unübersichtlich. Die Darstellung des umfangreichen Streits um den Schutz des Ungeborenen kann im Rahmen dieser Arbeit freilich nur in begrenztem Umfang erfolgen. Gleichwohl ist eine Entscheidung für oder gegen eine Grundrechtsträgerschaft des Ungeborenen zwingend erforderlich, da viele Anschlussfragen von derselben abhängen. Die nachfolgenden Ausführungen sind für diese Arbeit insoweit richtungsweisend.

221 *Kunig* in: Münch/Kunig GG, Bd. 1, Art. 2, Rn. 47.

222 BVerfGE 39, 1.

223 BVerfGE 88, 203.

224 *Papier* in: Grote et al., FS für Starck 2007, 371 (379).

1. Grundpositionen in der verfassungsgerichtlichen Rechtsprechung

In der Entscheidung des Bundesverfassungsgerichts zum fünften Strafrechtsreformgesetz, welches den Schwangerschaftsabbruch bis zur zwölften Woche nach der Empfängnis ohne Beratung zuließ (Fristenregelung), wurde der vorgeburtliche Lebensschutz erstmals 1975 höchstrichterlich bewertet. Maßgebliche Feststellung des Urteils war, dass „Art. 2 Abs. 2 S. 1 GG [...] auch das sich im Mutterleib entwickelnde Leben als selbstständiges Rechtsgut" schütze.[225] Ausgehend vom Wortlaut sei „Leben" im Sinne des Art. 2 Abs. 2 S. 1 GG die „geschichtliche Existenz eines menschlichen Individuums", dass „nach gesicherter biologisch-physiologischer Erkenntnis (Nidation/Individuation) jedenfalls vom 14. Tage nach der Empfängnis" bestehe.[226] Mit „Jeder" sei „jedes Leben besitzende menschliche Individuum" gemeint, kurz gesagt „jeder Lebende".[227] Zudem stützte sich das Bundesverfassungsgericht auf das bereits erwähnte Kontinuitätsargument (es stammt aus der Ethik und wird auch als Kontinuumsargument bezeichnet), nach dem die Entwicklung eines menschlichen Individuums in einem kontinuierlichen Prozess, ohne maßgebliche Zäsuren vonstatten gehe und dieser eine genaue Differenzierung der unterschiedlichen Entwicklungsstufen des menschlichen Lebens nicht zulasse.[228] Mit einem teleologischen Argument suchte das Gericht dieses biologisch-naturwissenschaftliche Argument zu untermauern. Der Sinn und Zweck der Norm sei dahingehend zu interpretieren, dass der grundrechtliche Schutz des menschlichen Lebens vor hoheitlichen Eingriffen unvollständig wäre, wenn das pränatale Leben als „Vorstufe" zum geborenen Leben nicht gleichfalls Schutz genieße.[229] Weiterhin wurde der vormals vom Bundesverfassungsgericht entwickelte Grundsatz, „wonach in Zweifelsfällen diejenige Auslegung zu wählen ist, welche die juristische Wirkungskraft der Grundrechtsnorm am stärksten entfaltet", herangezogen.[230] Auch die Entstehungsgeschichte des Grundgesetzes stütze die Anwendung des Art. 2 Abs. 2 S. 1 GG auf pränatales Leben, da sich der Parlamentarische Rat mehrheitlich für die Einbeziehung „keimenden" Lebens ausgesprochen habe.[231]

---

225 BVerfGE 39, 1 (36).
226 BVerfGE 39, 1 (37); dazu schon: 1. Kapitel, B. II. 2. a).
227 BVerfGE 39, 1 (37)
228 BVerfGE 39, 1 (37).
229 BVerfGE 39, 1 (37).
230 BVerfGE 32, 54 (71); 6, 55 (72).
231 BVerfGE 39, 1 (38).

In einer zweiten Entscheidung des Bundesverfassungsgerichts zum Schwangerschaftsabbruch aus dem Jahre 1993 wurde das nach der Wiedervereinigung neu erlassene Schwangeren- und Familiengesetz auf den Prüfstand gestellt.[232] Einleitend stellte das Bundesverfassungsgericht klar, dass zum „menschlichen Leben [...] auch das ungeborene" gehöre.[233] Es wurde wiederum offen gelassen, wann der Lebensschutz des Art. 2 Abs. 2 S. 1 GG beginnen soll. Entscheidungserheblich war für das Bundesverfassungsgericht lediglich die Zeit der Schwangerschaft, also der Zeitraum von der Nidation bis zum Beginn der Geburt. „Jedenfalls in der so bestimmten Zeit der Schwangerschaft handelt es sich bei dem Ungeborenen um individuelles, in seiner genetischen Identität und damit in seiner Einmaligkeit und Unverwechselbarkeit bereits festgelegtes, nicht mehr teilbares Leben, das im Prozeß des Wachsens und Sich-Entfaltens sich nicht erst zum Menschen, sondern als Mensch entwickelt [...]. Wie immer diese verschiedenen Phasen des vorgeburtlichen Lebensprozesses unter biologischen, philosophischen, auch theologischen Gesichtspunkten gedeutet werden mögen und in der Geschichte beurteilt worden sind, es handelt sich jedenfalls um unabdingbare Stufen der Entwicklung eines individuellen Menschseins. Wo menschliches Lebens existiert, kommt ihm Menschenwürde zu [...]."[234]

Das maßgebende Argument der zweiten Entscheidung zum Schwangerschaftsabbruch war, wie schon zuvor, das Kontinuitätsargument. Das teleologische und das historische Argument aus der ersten Entscheidung wurde hingegen nicht mehr aufgegriffen.

Zwar brauchte sich das Bundesverfassungsgericht aus prozessualen Gründen in keiner seiner Entscheidungen konkret zum Beginn des Schutzes zu äußern. Möglichweise ergeben sich jedoch gewisse Tendenzen des Gerichts zum Umfang des Rechts auf Leben aus der verfassungsgerichtlichen Logik.

Aus der Wendung „jedenfalls" lässt sich noch nicht ableiten, ob das Gericht die pränidative Phase als schützenswert einstuft oder nicht. Denn das „jedenfalls" bezieht sich ausschließlich auf den Zeitraum ab der Nidation und lässt bei genauer Betrachtung keinen Rückschluss auf den zeitlich vorgelagerten Bereich zu.[235] Die Verwendung des Kontinuitätsarguments scheint aber für eine Anwendung des

232 Gesetz zum Schutz des vorgeburtlichen/werdenden Lebens, zur Förderung einer kinderfreundlichen Gesellschaft, für Hilfen im Schwangerschaftskonflikt und zur Regelung des Schwangerschaftsabbruchs (Schwangeren- und Familiengesetz) v. 27.7.1992, BGBl. I S. 1398.

233 BVerfGE 88, 203 (251).

234 BVerfGE 88, 203 (251 f.).

235 *Kaup*, Der Schwangerschaftsabbruch aus verfassungsrechtlicher Sicht, S. 22.

Schutzes aus Art. 2 Abs. 2 S. 1 GG auf die pränidative Phase zu sprechen. Denn die Kontinuität der Entwicklung setzt bereits mit der Fertilisation ein und das Bundesverfassungsgericht lässt nicht erkennen, dass gerade die Nidation oder sonst ein Zeitpunkt eine scharfe, den stetigen Entwicklungsprozess unterbrechende Zäsur darstellt.[236] Auch der viel kritisierte Ansatz, dass der Schutz des menschlichen Lebens unvollständig wäre, wenn nicht das ungeborene menschliche Leben gleichfalls geschützt sei, spricht für die Befürwortung einer Vorverlagerung des Schutzes. Man kann also durchaus der Auffassung sein, dass das Gericht mehrheitlich den Schutz des ungeborenen Lebens ab der Fertilisation befürwortete, dies aber aus politischen Gründen wegen der Debatte um die „Pille danach" und die Spirale nicht explizit feststellte.[237]

Zwar würde für die Bewertung der Regelung des § 25 Abs. 1 Nr. 3 i.V.m. § 15 Abs. 1 S. 1 GenDG ein Abstellen auf den Zeitpunkt der Nidation ausreichen. Da es im weiteren Verlauf dieser Untersuchung aber auch auf das Verhältnis zwischen den GenDG und ESchG ankommt, sollen auch frühere Zeitpunkte untersucht werden.

2. *Auslegung*

Nach der knappen Darstellung der wesentlichen Argumentationsfiguren des Bundesverfassungsgerichts soll nunmehr mittels der klassischen Auslegungsmethoden versucht werden, die zu klärende Frage nach der Grundrechtsträgerschaft des Ungeborenen zu beantworten.

a) Wortlaut

Der erste Ansatzpunkt für die Auslegung des Wortlauts ist der Begriff „jeder". Konsens besteht zunächst dahingehend, dass nur Grundrechtsträger sein kann, wer Mensch ist. Nahegelegt wird dieses Verständnis beispielsweise durch Art. 1 Abs. 1 S. 1 GG: Die Würde des „Menschen" ist unantastbar oder in Art. 3 Abs. 1 GG: Alle „Menschen" sind vor dem Gesetz gleich. Mensch meint einen Angehörigen der Spezies/Art (im Sinne der biologischen Systematik) Homo sapiens. Weiterhin scheint der Begriff „jeder" niemanden – auch nicht das Ungeborene – auszuschließen. Aus dem Begriff allein ist aber nicht abzuleiten auf welche Gruppe von Zuordnungssubjekten er sich bezieht. Klar ist einzig, dass von einer

236 *Müller-Terpitz*, Der Schutz des pränatalen Lebens, S. 142.

237 Dies lässt *Benda* vermuten, der als Verfassungsrichter am Abtreibungsurteil von 1975 beteiligt war, wiedergegeben bei *Schulz* in: MedR 2002, 404 (404 f.).

bestimmten Gruppe alle Zuordnungssubjekte einbezogen sind.[238] „Jeder" muss also im Zusammenhang mit dem geschützten Rechtsgut Leben gedeutet werden. Die Verbindung mit dem Wort „Leben" legt wiederum nahe, dass nur „jeder Lebende" gemeint sein kann. Man könnte unter „jeder" allerdings auch „jede Person" verstehen, da Art. 2 Abs. 2 S. 2 GG die Freiheit der „Person" als unverletzlich deklariert. Auch einige andere Grundrechte benutzen den Begriff der Person. Weil aber der Mensch durch die Würdegarantie als Grundnorm der Verfassung in den Mittelpunkt der staatlichen Ordnung genommen wird, sind „Mensch" und „Person" diesbezüglich synonym zu verstehen.[239] Der Begriff „Jeder" soll folglich jeden lebenden Menschen als Zuordnungssubjekt erfassen. Dem Grundgesetz scheint also eine mit der oben erwähnten Inklusionstheorie übereinstimmende Vorstellung zugrunde zu liegen.

Damit ist gleichwohl nichts darüber gesagt, ob auch das Ungeborene als lebender Mensch im Sinne des Art. 2 Abs. 2 S. 1 GG anzusehen ist. Ausgehend vom allgemeinen Sprachgebrauch könnte man der Auffassung sein, dass das Ungeborene nicht geschützt sei. Er wird unter anderem als „Embryo", „Fötus" oder „Leibesfrucht" aber eben nicht als „Mensch" benannt.[240] Diesen Gedanken zuspitzend wird formuliert: „Zygoten oder Föten sind ebenso wenig Menschen, wie Eier Hühner sind und Kaulquappen Frösche."[241] Der von John Locke geprägte Personenbegriff hingegen ist am Bewusstsein orientiert und ordnet mithin nur geborene Menschen als Person ein.[242] Andererseits sind auch „werdender Mensch" oder ein „zu erwartendes Kind" – das Kind wird dabei als junger Mensch verstanden – gebräuchlich.[243] Der allgemeine Sprachgebrauch ist danach nicht geeignet, eine Präzisierung zu erreichen.

Der juristische Sprachgebrauch liefert ein ähnlich uneinheitliches Bild. So ordnet das bürgerliche Recht dem Menschen die Rechtsfähigkeit mit Vollendung seiner Geburt zu, § 1 BGB. Nach § 1923 Abs. 2 BGB gilt derjenige als vor dem Erbfall geboren, der zur Zeit des Erbfalls noch nicht lebte, aber bereits gezeugt war. Diese Vorschrift scheint das Ungeborene nicht einmal als lebendes Wesen anzusehen. Gegenläufig normierte allerdings schon das Preußische Allgemeine

---

238 *Ferdinand*, Pränatal- und Präimplantationsdiagnostik aus verfassungsrechtlicher Sicht, S. 62.

239 *Müller-Terpitz*, Der Schutz des pränatalen Lebens, S. 225.

240 Bspw.: *Fechner*, JZ 1986, 653 (658); *Lübbe*, ZfP 1989, 138 (142), schon mit Verweis auf den Entwurf des ESchG.

241 *Lübbe*, KritV 1993, 313 (315).

242 *Locke*, Versuch über den menschlichen Verstand, Bd. I, Buch II, S. 419 u. 432.

243 *Giwer*, Rechtsfragen der PID, S. 63.

Landrecht im ersten Teil, erster Titel, § 10: „Die allgemeinen Rechte der Menschheit gebühren auch den noch ungeborenen Kindern schon von der Zeit ihrer Empfängnis.“[244] Gemäß § 1912 Abs. 2 BGB steht den Eltern die Fürsorge für das Ungeborene insoweit zu, als ihnen die elterliche Sorge zustünde, wenn das „Kind“ bereits geboren wäre. Nach § 3 Abs. 1 MuSchG dürfen werdende Mütter nicht beschäftigt werden, soweit nach ärztlichem Zeugnis Leben oder Gesundheit von Mutter oder „Kind“ bei Fortdauer der Beschäftigung gefährdet ist. Nach dem oben angeklungenen Verständnis des Begriffs „Kind“ spricht diese Formulierung für die Einbeziehung des Ungeborenen.

Die dargestellten semantischen Auslegungsmöglichkeiten zeigen, dass durch die Betrachtung des reinen Wortlauts nicht klar auf den Ausschluss oder die Einbeziehung des pränatalen Lebens in den Schutzbereich des Art. 2 Abs. 2 S. 1 GG geschlossen werden kann.[245]

b) Systematische Auslegung

Die systematische Auslegung nimmt den Zusammenhang des Normsystems ins Blickfeld. Schon im Rahmen des Art. 2 GG, aber auch im Hinblick auf alle übrigen Grundrechte fällt auf, dass diese den geborenen Menschen schützen. So hat nach Art. 5 Abs. 1 S. 1 GG beispielsweise „Jeder“ das Recht seine Meinung in Wort, Schrift und Bild frei zu äußern und zu verbreiten und sich aus allgemein zugänglichen Quellen ungehindert zu unterrichten. Die Ausübung der hier geschützten Tätigkeit setzt freilich voraus, dass der Grundrechtsträger seine Meinung überhaupt kundtun kann.[246] Die Grundrechte also setzen scheinbar nicht nur das Geborensein voraus, sondern – wie im Beispiel zu Art. 5 Abs. 1 S. 1 GG beschrieben – bestimmte Fähigkeiten.

Trotzdem muss nicht zwingend aus dem Umstand, dass das Ungeborene von der Mehrheit der Grundrechte nicht geschützt ist, geschlossen werden, der Schutzbereich des Rechts auf Leben erfasse nur geborene Menschen. Die Schutzbereiche sind vielmehr thematisch unterschiedlich ausgestaltet und können somit auch hinsichtlich des Grundrechtsträgers unterscheiden. Eine Ausweitung

---

244 *Di Fabio* in: Maunz/Dürig GG, Art. 2, Rn. 28; ähnlich auch: *Müller-Terpitz*, HStR VII, § 147, Rn. 23.

245 So auch: *Ferdinand*, Pränatal- und Präimplantationsdiagnostik aus verfassungsrechtlicher Sicht, S. 62 f.; *Giwer*, Rechtsfragen der PID, S. 63; *Müller-Terpitz*, Der Schutz des pränatalen Lebens, S. 228; *Hoerster*, JR 1995, 51.

246 *Müller-Terpitz*, Der Schutz des pränatalen Lebens, S. 229; *Ferdinand*, Pränatal- und Präimplantationsdiagnostik aus verfassungsrechtlicher Sicht, S. 64.

des Schutzbereichs ist im Übrigen auch bei anderen Grundrechten – so etwa beim allgemeinen Persönlichkeitsrecht über das Leben hinaus[247] – denkbar.[248]

Ein systematischer Rückgriff auf § 1 BGB, der die Rechtsfähigkeit erst mit Vollendung der Geburt entstehen lässt, führt teilweise zu der Ansicht, dass das ungeborene Leben verfassungsrechtlich nicht geschützt sei. In § 1 BGB komme eine Wertung unserer Rechtsordnung zum Ausdruck, dass diese das ungeborene Leben als nicht schutzwürdig ansehe.[249] Rechtsfähigkeit bedeutet die Fähigkeit Träger von Rechten und Pflichten, mithin Rechtssubjekt zu sein.[250] Teilrechtsfähigkeit wird ganz überwiegend schon vor der Geburt angenommen und unter anderem auf die §§ 331 Abs. 2, 1923 Abs. 2 und 2178 BGB gestützt.[251] Die Fähigkeit, Träger von Rechten und Pflichten zu sein, beginnt also schon mit dem Beginn des menschlichen Lebens.[252] Selbst ohne diese Einschränkung bezweckt § 1 BGB in erster Linie Rechtsklarheit im privatrechtlichen Verkehr. Eine Wertung, die den verfassungsrechtlichen Schutz des ungeborenen Lebens ausschließt, ist demnach nicht aus § 1 BGB abzuleiten.

Auch durch die systematische Betrachtung kann keine eindeutige Aussage über die Grundrechtsträgerschaft des ungeborenen Lebens getroffen werden.

c) Historische Auslegung

Historische Auslegung meint nicht nur die Betrachtung der Entstehungsgeschichte der auszulegenden Norm, sondern auch eine Betrachtung der zeitgeschichtlichen Begleitumstände denen die Norm entsprang.[253] Für die Interpretation der deutschen Verfassung ist Letzteres von besonderer Bedeutung. Denn das Grundgesetz entstand im Anschluss an den Zweiten Weltkrieg. Es sollte insbesondere mit seinem Grundrechtskatalog den Erfahrungen aus der Zeit des Nationalsozialismus Rechnung tragen.

Ein explizites Lebensrecht wurde – mit Ausnahme einer entsprechenden Regelung in der Verfassung Irlands von 1937 – erst nach dem zweiten Weltkrieg Bestandteil der europäischen Verfassungen.[254] Zuvor normierte § 139 der

---

247 *Di Fabio* in: Maunz/Dürig GG, Art. 2, Rn. 226.

248 Vgl. *Müller-Terpitz*, Der Schutz des pränatalen Lebens, S. 229

249 So wohl *Ipsen*, JZ 2001, 989 (991 ff.).

250 *Kannowski* in: Staudinger BGB, § 1, Rn. 1.

251 *Schmitt* in: MüKo zum BGB, § 1, Rn. 26 ff; *Kannowski* in: Staudinger BGB, § 1, Rn. 15; *Sprau* in: Palandt, § 1, Rn. 7.

252 *Bamberger* in: Bamberg/Roth BeckOK BGB, § 1, Rn. 29.

253 *Zippelius*, Juristische Methodenlehre, S. 36 f. und S. 41.

254 *Di Fabio* in: Maunz/Dürig GG, Art. 2, Rn. 7.

Paulskirchenverfassung von 1849 lediglich das Verbot der Todesstrafe. Dieser Umstand deutet darauf hin, dass die ausdrückliche Normierung des Rechts auf Leben maßgeblich den Lehren der nationalsozialistischen Gewaltherrschaft und ihren Gräueltaten, wie der Vernichtung „lebensunwerten" Lebens zuzuschreiben ist.[255] Die Tatsache, dass das Recht auf Leben keinen Vorläufer hat, erschwert die Auslegung allerdings. Hätte sich etwa eine Vorläufernorm in bestimmter Hinsicht nicht bewährt, könnte man daraus ableiten, dass der Gesetzgeber durch eine abgewandelte Fassung ein Verständnis – das der Vorläufernorm zugrunde lag – wohl ablehnte. Aus der Aufnahme des Rechts auf Leben in den Grundrechtskatalog lässt sich jedoch entnehmen, dass der Parlamentarische Rat den Geschehnissen im Dritten Reich entgegentreten wollte. Art. 2 Abs. 2 S. 1 GG ist „ein Bekenntnis zum grundsätzlichen Wert des Menschenlebens und zu einer Staatsauffassung, die sich in betonten Gegensatz zu den Anschauungen eines politischen Regimes stellt, dem das einzelne Leben wenig bedeutete und das deshalb mit dem angemaßten Recht über Leben und Tod des Bürgers schrankenlosen Mißbrauch trieb".[256]

Das Recht auf Leben kann danach nur dahingehend verstanden werden, dass es wegen der nationalsozialistischen Verfolgung von Minderheiten insbesondere unabhängig von der ethnischen, sexuellen, religiösen oder politischen Prägung und Überzeugung besteht.[257]

Für den Schutz des ungeborenen Lebens ist damit gleichwohl noch nicht zwingend Stellung bezogen.

Zwar wurde der Schutz des „keimenden" Lebens im Parlamentarischen Rat durchaus diskutiert. Eine ausdrückliche Aufnahme in den Verfassungstext erfolgte indessen mangels der erforderlichen Mehrheit nicht.[258] Die Gründe dafür werden auf unterschiedliche Weise interpretiert. Einige sind etwa der Auffassung, die ausdrückliche Regelung sei ausgeblieben, da die „Mütter" und „Väter" des Grundgesetzes das Ungeborene ohnehin als vom Recht auf Leben geschützt ansahen.[259] Andere wiederum gehen davon aus, dass der Normgeber von einer

---

255 *Schulze-Fielitz* in: Dreier GG, Art. 2 II, Rn. 1; *Starck* in: v. Mangoldt/Klein/Starck GG, Art. 2, Rn. 189 m.w.N.

256 BVerfGE 39, 1 (36 f.), 18, 112 (117).

257 *Müller-Terpitz*, Der Schutz des pränatalen Lebens, S. 235 m.w.N.

258 Wiedergegeben bei: *Matz* in: Leibholz/v. Mangoldt, JöR N.F. Bd. I (1951), S. 61.

259 BVerfGE 39, 1 (40); *Esser*, Der Arzt im Abtreibungsstrafrecht, S. 60 f; *Kaup*, Der Schwangerschaftsabbruch aus verfassungsrechtlicher Sicht, S. 18; *Leisner*, Das Recht auf Leben, S. 43 f; *Ferdinand*, Pränatal- und Präimplantationsdiagnostik aus verfassungsrechtlicher Sicht, S. 66 m. w. N.

ausdrückliche Regelung abgesehen habe, um die Ausgestaltung des Schutzes pränatalen Lebens dem einfachen Gesetzgeber zu überlassen.[260]

Die historische Auslegung führt also wie schon die vorangegangenen Methoden zu keinem eindeutigen Ergebnis darüber, ob das ungeborene Leben von Art. 2 Abs. 2 S. 1 geschützt ist oder nicht.[261]

d) Teleologische Auslegung

Die teleologische Auslegung fragt schließlich nach dem Sinn und Zweck der jeweiligen Norm. Es ist zu untersuchen, ob es Ziel des Art. 2 Abs. 2 S. 1 GG ist, auch das pränatale Leben zu schützen. Im Rahmen der teleologischen Interpretation soll auf den Ertrag der vorangegangenen Auslegungsmethoden Bezug genommen werden.

Wie dargestellt entstand das Recht auf Leben aus den Lehren der Gewaltherrschaft der Nationalsozialisten. Es sollte insbesondere bestimmten Gruppen zugehörige Menschen vor der Tötung bewahren, die auf einer Differenzierung zwischen „lebenswertem" und „lebensunwertem" Leben beruhten. Der Schutz vor Tötung auf Grundlage der Degradierung von Menschen anhand bestimmter, willkürlich festgelegter Eigenschaften, mithin vor Selektion, war Beweggrund für die ausdrückliche Normierung des Rechts auf Leben. Der Sinn und Zweck des Art. 2 Abs. 2 S. 1 GG ist, vor den so umschriebenen Gefahren zu bewahren. Das Recht auf Leben enthält somit gewissermaßen einen gleichheitsrechtlichen Aspekt.[262] Es kann nur schützenswertes Leben geben und Nichtleben – ein Drittes gibt es nicht. Jedes Leben ist gleichwertig.[263] Ansätze, die eine abgestufte Form des grundrechtlichen Schutzes befürworten, sind nach diesem Verständnis von vornherein nicht denkbar. Diesem Telos ist insoweit aber noch nicht zu entnehmen, dass das ungeborenes Leben vom Schutzbereich des Art. 2 Abs. 2 S. 1 GG erfasst ist. Insbesondere bleibt ungeklärt, ab welchem Zeitpunkt von schutzwürdigem Leben im Sinne der Norm auszugehen ist.

Die Art und Weise der Bestimmung des Lebensbeginns ist allerdings durch Art. 2 Abs. 2 S. 1 GG vorgegeben. Der Sinn und Zweck des Art. 2 Abs. 2 S. 1 GG ist dabei nicht auf die zur Zeit des Erlasses der Norm bekannten und in den Blick

---

260 *Ehmke*, in: Der § 218 StGB vor dem Bundesverfassungsgericht, S. 178; BVerfGE 39, 68 (75 f.).

261 So auch: *Müller-Terpitz*, Der Schutz des pränatalen Lebens, S. 238 f.; *Ramm*, JZ 1989, S. 861 (867).

262 *Müller-Terpitz*, Der Schutz des pränatalen Lebens, S. 242.

263 Im vorstehenden Sinne auch *Höfling* in: Dörr et al., FS für Schiedermair 2001, S. 363 (374).

genommenen Ansatzpunkte für Differenzierung zu begrenzen, sondern auf die heutigen Möglichkeiten und Erkenntnisse zu übertragen und weiterzudenken.[264] Bei der Bestimmung des Zeitpunktes gilt es das höchste Maß an Wertungsfreiheit zu gewährleisten. Welche Methode der Bestimmung diesen Anforderungen gerecht werden kann, wird nachfolgend untersucht.

Schon jetzt kann aber folgendes festgehalten werden: Sollte die weitere Analyse zeigen, dass Ungeborene (ab einem bestimmten Zeitpunkt) vom Schutzbereich des Art. 2 Abs. 2 S. 1 GG erfasst sind, besteht die Schutzwürdigkeit insbesondere unabhängig von bestimmten genetischen Eigenschaften. Jegliche Differenzierung zwischen lebenswerten und lebensunwerten genetischen Eigenschaften, ist nach dem Telos des Rechts auf Leben unzulässig. Es ist demnach unerheblich, ob aus den jeweiligen genetischen Eigenschaften eine schwerwiegende Erkrankung oder eine bestimmte Haarfarbe resultiert.

e) Beginn menschlichen Lebens im Sinne des Art. 2 Abs. 2 S. 1 GG

Im Rahmen dieses Abschnitts soll herausgearbeitet werden, welcher Zeitpunkt in der embryonalen Ontogenese die Auslegungsergebnisse am treffendsten abbildet. Nicht selten wird in dieser Debatte auf außerrechtliche Argumente zurückgegriffen, da sich nach der Auffassung einiger aus der Verfassung allein nicht zufriedenstellend herleiten lasse, wann menschliches Leben im verfassungsrechtlichen Sinne beginne.[265] Die juristische Methodik stoße an ihre Grenzen, und es müsse auf außerjuristische Begründungen zurückgegriffen werden.[266]

Es mag zutreffend sein, dass die juristische Methodik allein nicht zu einem zwingenden Ergebnis hinsichtlich des Umfangs des verfassungsrechtlichen Lebensrechts führt. Dies kann gleichwohl nicht bedeuten, dass die mittels juristischer Methodik ermittelbaren verfassungsrechtlichen Vorgaben übergangen werden und dem Grunde nach durch außerrechtliche Erklärungsversuche ersetzt werden. Denn wie noch zu zeigen sein wird, stellt die hier vertretene Auslegung einige Ansätze vor erhebliche Probleme. Vorliegend sollen demgemäß nicht Begründungen anderer wissenschaftlicher Disziplinen schlicht übernommen werden, obwohl sie in ihrem Gebiet sicherlich zu überzeugen vermögen. Um die Ergebnisse nichtjuristischer Wissenschaft für den juristischen Diskurs fruchtbar zu machen und nicht dem Vorwurf eines naturalistischen Fehlschlusses zum Opfer zu fallen, bedürfen sie einer juristischen Verknüpfung. Naturwissenschaftliche, soziologische,

---

264 *Müller-Terpitz*, Der Schutz des pränatalen Lebens, S. 240.

265 *Hoerster*, JuS 2003, 529.

266 *Hartleb*, Grundrechtsschutz in der Petrischale, S. 151.

philosophische oder gar religiöse Argumente können nur durch die Verknüpfung einer juristischen Begründung normative Wirkung entfalten.

Der erforderliche „Brückenschlag" wäre dann gelungen, wenn eine juristische Begründung – respektive durch Auslegung der Norm – eine nichtjuristische Bestimmung des Lebensbeginns als die maßgebliche herausstellen würde.

Die nachfolgenden Ansätze verschiedener Disziplinen zur Bestimmung des menschlichen Lebens im Sinne des Art. 2 Abs. 2 S. 1 GG sind demgemäß auf die Vereinbarkeit mit der im Rahmen der bisherigen Auslegung erarbeiteten Maßgaben zu überprüfen.

aa) Der soziologische Ansatz

Vertreter des soziologischen Ansatzes bestimmen die Aufnahme des Einzelnen in die Rechtsgemeinschaft als notwendige Voraussetzung für die Anerkennung des grundrechtlichen Lebensschutzes, da Art. 2 Abs. 2 S. 1 GG als Rechtsnorm eine gesellschaftliche Schöpfung sei und somit nur soziologische Gesichtspunkte für die Anerkennung der Grundrechtsträgerschaft relevant sein könnten.[267] Deshalb könne die Bewältigung des Problems nicht den Biologen und Medizinern überlassen werden. Der notwendige Aufnahmeakt ist nach dieser Ansicht die Geburt. Ab diesem Zeitpunkt trete die Gesellschaft in Interaktion mit dem Kind und es werde so ein relevantes Mitglied der Gesellschaft. Die Anbahnung dieser Umstände während der Schwangerschaft würden grundsätzlich nicht ausreichen, um den Zeitpunkt vorzuverlegen.

Eine etwas differenziertere soziologische Position bringt ein, dass es den Kulturen der monotheistischen Religionen, insbesondere der biblisch-christlichen entspreche, den Menschen nicht ohne die Mutter zu denken. Jesus sei „nicht durch die Verschmelzung zweier Zellen, sondern durch die Geburt aus seiner Mutter" zum Mensch geworden. Danach wäre zumindest extrakorporal erzeugten Embryonen bis zur – von der Bereitschaft der Mutter abhängenden – Implantation keine Trägerschaft des Art. 2 Abs. 2 S. 1 GG zuzusprechen.[268]

Dem Dargestellten ist nur insoweit zuzustimmen, dass die Geburt sowohl soziologisch als auch rechtlich ein entscheidender Moment ist. Beispielsweise entstehen durch die Geburt erstmals unmittelbare soziale Berührungspunkte zur gesellschaftlichen Umwelt und nach dem Bürgerlichen Gesetzbuch beginnt mit

267 *Rüpke*, ZRP 1974, 73 (74 f.).
268 *Schäuble*, FAZ v. 21.05.2001, S. 49.

ihr die volle Rechtsfähigkeit (§ 1 BGB). Auch der Tatsache, dass Rechtsnormen gesellschaftlicher Schöpfung entstammen, ist nichts entgegenzubringen.[269]

Die daraus entwickelten Schlüsse sind jedoch anzuzweifeln. So ist zunächst äußerst fraglich, ob die Verwendung von soziologischen Begriffen bei der Auslegung eines Rechtssatzes den Anforderungen an Bestimmtheit im Umgang mit Verfassungsnormen genügt.[270] Die Geburt als Ansatzpunkt für Rechtsfähigkeit nach § 1 BGB vermag – wie oben im Rahmen der Auslegung des Wortlauts und der Systematik festgestellt[271] – noch nichts Konkretes über die verfassungsrechtlich zu beurteilende Grundrechtsträgerschaft ungeborenen Lebens auszusagen.

Sowohl die Aufnahme in die Rechtsgemeinschaft zum Zeitpunkt der Geburt, als auch die Annahme des einzupflanzenden Embryos durch die Mutter sind schließlich keine akzeptablen Kriterien für die Bestimmung des Beginns der Grundrechtsträgerschaft. Denn die beiden Ansätze haben gemein, dass die Entscheidung über die Grundrechtsträgerschaft von der Willkür Dritter abhängig gemacht wird. Der Sinn und Zweck des Rechts auf Leben steht den genannten soziologischen Ansätzen also entgegen. Schließlich hat die teleologische Auslegung eingangs gezeigt, dass Art. 2 Abs. 2 S. 1 GG die willkürliche Beurteilung, welche Form menschlichen Lebens schutzwürdig ist und welche nicht, verbietet.

bb) Interessenorientierte Ansätze

Die interessenorientierten Ansätze, beruhen auf der Kernannahme, dass nur derjenige Träger eines subjektiven Rechts sein kann, der die Fähigkeit hat, über bestimmte Interessen zu verfügen. Diese Position kann damit der Exklusionstheorie zugeordnet werden, die ein Auseinanderfallen der Begriffe Mensch und Person annimmt.[272] Dem liegt wiederum der von John Locke geprägte Personenbegriff zugrunde, der insbesondere an das Selbstbewusstsein als entscheidende Eigenschaft anknüpft. Es wird angenommen, dass die entscheidende Eigenschaft für das Recht auf Leben das Überlebensinteresse sei, dass jedoch erst mit der Geburt, nicht also bei Embryonen vorliege.[273] Eine weitere Ausformung dieses Ansatzes knüpft an die „Erlebensfähigkeit" an.[274]

Schon die Grundannahmen der interessenorientierten Ansätze führen zu dem Schluss, dass eine offenkundige Diskrepanz zu den oben gefundenen Maßstäben

---

269 *Müller-Terpitz*, Der Schutz des pränatalen Lebens, S. 147.
270 *Müller-Terpitz*, Der Schutz des pränatalen Lebens, S. 148.
271 In diesem Kapitel unter: C. I. 2. a) und b).
272 Dazu schon: 1. Kapitel, B. II. 2. b).
273 *Hoerster*, NJW 1991, 2540 (2541 f.).
274 *Merkel* in: FS für Müller-Dietz 2001, 493 (509).

besteht. Denn im Rahmen der ersten Ausformung dieses Ansatzes wird im Ergebnis die Geburt als entscheidender Zeitpunkt bestimmt.[275] Die Geburt als Beginn menschlichen Lebens anzusehen, ist jedoch nicht nur aus biologischen Gründen völlig undenkbar. Man könnte insbesondere im Hinblick auf die Fähigkeit Interessen zu haben fragen, warum nicht ein späterer Zeitpunkt die entscheidende Zäsur ist. Diesbezüglich ist auch problematisch, dass die Interessenfähigkeit im Laufe des Lebens vorrübergehend oder dauerhaft verschwinden kann.

Auch die Anknüpfung an die „Erlebensfähigkeit“, kann hier von vornherein nicht überzeugen, da sie im Ergebnis für ein abgestuftes Recht auf Leben plädiert,[276] dies aber mit der oben getroffenen Vorentscheidung nicht vereinbar ist.

cc) Biologisch-physiologische Begründungsansätze

Die biologisch-physiologischen Begründungsansätze finden in der rechtswissenschaftlichen Literatur den meisten Zuspruch. Teilweise wird angenommen, dass der Begriff „Leben“ schon nahelege, dass eine biologische Sichtweise maßgeblich sei und eine Abweichung vom biologisch definierten Lebensbegriff normativer Begründung bedürfe.[277] Auch unter den Vertretern der biologisch-physiologischen Begründungsansätze ist der Zeitpunkt, ab dem der Schutz einsetzen soll, hoch umstritten. Die vormals vertretene Auffassung, die Grundrechtsträgerschaft beginne aus biologisch-physiologischer Sicht erst mit der Geburt, ist (in Anbetracht der wissenschaftlichen Erkenntnisse über die frühe menschliche Entwicklung) nicht mehr im Ansatz haltbar und soll nicht vertiefend dargestellt werden. Die Grenze der extrauterinen Lebensfähigkeit wird zumindest seit der Absage in der ersten Abtreibungsentscheidung[278] nicht mehr vertreten. Schließlich hat auch der Zeitpunkt der ersten spürbaren Kindsbewegung nicht mehr als rechtshistorische Bedeutung.

Der bloße Verweis darauf, dass der Begriff „Leben“ eine biologische Sichtweise nahelege, kann nicht ausreichen, um eine weiterführende normative Begründung für die Übertragung biologischer Kriterien zu erübrigen. Vielmehr sind die nachfolgenden Ansätze an dem herausgearbeiteten Telos des Art. 2 Abs. 2 S. 1 GG zu messen.

---

275 *Hoerster*, NJW 1991, 2540 (2541 f.).

276 *Merkel* in: FS für Müller-Dietz 2001, 493 (507, Fn. 52).

277 *Murswiek* in: Sachs GG, Art. 2, Rn. 144.

278 BVerfGE 39, 1 (37).

(1) Beginn des Hirnlebens

Der Beginn des Hirnlebens wird analog zu der Hirntod-Konzeption teilweise als maßgebliche Zäsur für den Beginn des menschlichen Lebens angesehen.[279] Die Hirntod-Konzeption wurde vom deutschen Gesetzgeber im Jahre 2007 in § 3 Abs. 2 Nr. 2 des Gesetz über die Spende, Entnahme und Übertragung von Organen und Geweben (Transplantationsgesetz - TPG) aufgenommen. Danach ist die Entnahme von Organen unzulässig, wenn nicht vor der Entnahme bei dem Organspender der endgültige, nicht behebbare Ausfall der Gesamtfunktion des Großhirns, des Kleinhirns und des Hirnstamms nach Verfahrensregeln, die dem Stand der Erkenntnisse der medizinischen Wissenschaft entsprechen, festgestellt ist. Vor dem Beginn des Hirnlebens (57. Tag post conceptionem) sei das Ungeborene mit dem hirntoten Erwachsenen vergleichbar und folglich kein vollwertiges Mitglied der Rechtsgemeinschaft.[280]

Es besteht jedoch schon kein Konsens über die Hirntod-Konzeption selbst. Es wird vorgebracht, dass der Tod erst mit dem Stillstand des gesamten Herz-Kreislauf-Systems eintrete und nicht schon mit dem Versagen eines einzelnen Organs.[281] Die Übertragung der Hirntod-Konzeption und die Einordnung des beginnenden Hirnlebens als maßgebliche Zäsur leuchtet nur ein, wenn man diesen Zeitpunkt beispielsweise mit dem Beginn des Empfindungsvermögens identifiziert bzw. gleichsetzt. Denn ein maßgebliches Kriterium der Hirntod-Konzeption ist, dass mit dem Ausfall der Hirnfunktion die Bewusstseins- und Empfindungsfähigkeit unumkehrbar verloren geht.[282] Jedenfalls die Empfindungsfähigkeit setzt am Beginn des Lebens aber erst mit Funktionsfähigkeit des Nervensystems, also wesentlich später ein. Zwar ist die Hirntod-Konzeption im TPG aufgenommen, jedoch reicht die umstrittene Regelung nicht aus, um von einer Vergleichbarkeit mit dem Beginn des Hirnlebens und einer Übertragbarkeit des Konzepts ausgehen zu können.[283] Auf die Vereinbarkeit dieses Ansatzes mit den erarbeiteten Kriterien soll demnach nicht eingegangen werden.

---

279 *Joerden*, JuS 2003, 1051 (1053).

280 *Sass* in: Medizin und Ethik, S. 173.

281 *Beckmann*, ZRP 1996, 219 (224); *Höfling*, JZ 1995, 26 (31 ff.); *Schmidt-Jortzig*, Wann ist der Mensch tot?, S. 15.

282 *Beckmann*, ZRP 1996, 219 (221); *Heun*, JZ 1996, 213 (215).

283 Im Ergebnis ebenso: *Giwer*, Rechtsfragen der PID, S. 68 f.

(2) Die Individuation

Eine weitere mögliche Zäsur ist in den Augen eines Teils der Literatur die Individuation.[284] Sie markiert den Zeitpunkt der pränatalen Ontogenese, ab dem eine eineiige Mehrlingsbildung nicht mehr möglich ist. Dieses Ereignis schließt zeitlich eng an die Nidation an und findet etwa 14 Tage post conceptionem statt. Vertreter dieses Ansatzes sind der Auffassung, dass erst mit diesem Zustand ein einzelnes Individuum – für das die Zuordnung subjektiver Rechte denkbar wäre – existiere. Vorher soll der Embryo allerdings nicht schutzlos sein, da zwar bereits artspezifisches menschliches Leben nicht aber individualspezifisches menschliches Leben existiere.

Soweit diese Ansicht eine Abstufung des Lebensrechts nach der jeweiligen Entwicklungsphase verfolgt, ist sie nach der getroffenen Vorentscheidung nicht mit dem hier vertretenen Ansatz vereinbar. Soweit dem Embryo im Rahmen des vorstehenden Ansatzes vor der Individuation aber kein verfassungsrechtliches Lebensrecht zugesprochen wird, bedarf es weiterer Erörterung. Denn im Gegensatz zu einer willkürlichen und gegen den Sinn und Zweck der Norm verstoßenden Abstufung der Schutzwürdigkeit, ist eine Unterscheidung zwischen Leben und Nichtleben zwingend erforderlich, um den Schutzbereich zu bestimmen.

Der dargestellte Ansatz wird stellenweise mit dem aus der Ethik stammenden Identitätsargument verbunden. Die Erstreckung des Grundrechtsschutzes auf vorgeburtliche Entwicklungsstadien erst ab der Individuation wird damit begründet, dass vor diesem Zeitpunkt keine Identität zwischen Embryo und späterem Erwachsenen angenommen werden könne.[285] Diesem Argument unterläuft jedoch eine grundlegende Fehlannahme. So ist zu konstatieren, dass man den biologischen Prozess der Individuation nicht nur auf eine Weise verstehen kann. Die Ansicht geht offenbar davon aus, dass durch den Vorgang der Abspaltung ein Embryo abstirbt und zwei neue Embryonen daraus hervorgehen. Man kann jedoch gleichfalls der Auffassung sein, dass der ursprüngliche Embryo etwa einen „Ableger" abspaltet und selbst weiter existiert. Bei der letztgenannten Sichtweise leuchtet nicht ein, dass der Embryo nicht von Anfang an individueller Träger des Rechts auf Leben sein kann und dem zweiten Embryo nach der Abspaltung ebenfalls ein solches zugesprochen wird. Denkt man die erste Sichtweise weiter und überlegt, wie unter diesem Gesichtspunkt die Entnahme von Zellkernen eines erwachsenen Menschen für die Züchtung eines Klons zu bewerten wäre,

---

284 *Coester-Waltjen*, FamRZ 1984, 230 (235); *Hofmann*, JZ 1986, 253 (259).

285 *Heun*, JZ 2002, 517 (521).

käme wohl niemand zu der Auffassung, der Spender würde dadurch sein Recht auf Leben verlieren.[286]

Somit kann der Ansatz, der die Individuation als Beginn menschlichen Lebens im Sinne des Art. 2 Abs. 2 S. 1 GG markiert, im Ganzen nicht überzeugen.[287]

(3) Die Nidation

Ansätze, die die Nidation als maßgeblichen Zeitpunkt für den Beginn des Rechts auf Leben ansehen,[288] führen dafür im Wesentlichen zwei Argumente an. Zum einen das Argument der natürlichen Selektion und zum anderen das Argument der biologischen Abhängigkeit.

Das Argument der natürlichen Selektion knüpft an den Umstand an, dass eine große Zahl (diesbezügliche Angaben sind sehr unterschiedlich; überwiegend > 50 %) der befruchteten Eizellen vor der Nidation absterben.[289] Nach Beendigung der Nidation verringert sich die Wahrscheinlichkeit für das Absterben des Embryos erheblich. Die natürliche Entwicklung, also der „Normalfall", führe vor der Nidation demnach eben nicht zu einer weiterführenden Embryogenese.[290] Erst ab diesem Zeitpunkt bestehe eine reale Überlebenschance. Das Recht müsse dort wo die Natur geradezu verschwenderisch selektiere keinen Schutz gewähren.[291]

Das Argument der biologischen Abhängigkeit[292] begründet den Beginn des Rechts auf Leben zum Zeitpunkt der Nidation zunächst damit, dass zumindest der Embryo in vitro ohne die Mutter kein Entwicklungspotential habe. Die Nidation und vorhergehend die Entscheidung der Mutter zur Implantation seien Voraussetzungen für die weitere Entfaltung des Embryos.[293] Weitergehende Stimmen wollen auch den Embryo in vivo vor der Nidation nicht als Grundrechtsträger im Sinne des Art. 2 Abs. 2 S. 1 GG anerkennen. Die Aktivierung des genetischen Programms des Embryos erfordere epigenetische Faktoren, die erst

---

286 *Müller-Terpitz*, Der Schutz des pränatalen Lebens, S. 193 f.

287 So auch: *Dietlein*, NWVBl. 2002, 453 (454).

288 *Schmidt*, Rechtliche Aspekte der Genomanalyse, S. 86; *Anderheiden*, KritV 2001, 353 (380); *Schroth*, JZ 2002, 170 (176); *Lüttger*, JR 1969, 445 (450); *Ipsen*, NJW 2004, 268 (269); *Haßmann*, Embryonenschutz, S. 94 f.

289 *Schmidt*, Rechtliche Aspekte der Genomanalyse, S. 86.

290 *Anderheiden*, KritV 2001, 353 (380); *Schroth*, JZ 2002, 170 (176).

291 *Lüttger*, JR 1969, 445 (450).

292 Die Bezeichnung stammt von: *Müller-Terpitz*, Der Schutz des pränatalen Lebens, S. 204.

293 *Ipsen*, NJW 2004, 268 (269).

durch die Nidation vorlägen. Vorher könne noch nicht von einem aktiven und autonomen Entwicklungspotential gesprochen werden.[294]

Der genannten Argumentation kann jedoch nicht gefolgt werden. Denn die Überlebenschancen können keinesfalls Zuschreibungskriterium für das Recht auf Leben sein. Dies ergibt sich schon aus dem Wortlaut des Art. 2 Abs. 2 S. 1 GG, der jedem Lebenden dieses Recht gewährt. Derjenige, der zwar mit hoher Wahrscheinlichkeit sterben wird, lebt aber gegenwärtig noch und ist demnach auch Grundrechtsträger. Übertragen auf geborene Menschen wird dies evident. Niemand würde einem lebensbedrohlich Erkrankten die Grundrechtsträgerschaft absprechen. Der Sinn und Zweck der Norm ist ferner, das Recht auf Leben willkürfrei zu gewähren. Eine Differenzierung anhand von Wahrscheinlichkeiten ist mithin abzulehnen.[295]

Dem Argument der biologischen Abhängigkeit kann entgegengebracht werden, dass auch der Embryo in vivo und sogar das Neugeborene von Handlungen der Mutter oder Dritter abhängig ist. Dies betrifft etwa die ausreichende Zurverfügungstellung von Nahrung. Auch wird wiederum dem lebensbedrohlich Erkrankten nicht das Lebensrecht entzogen, nur weil er nicht ohne das Zutun Dritter überleben kann. Die Grundrechtsträgerschaft des Embryos oder Fetus kann nach der hier vertretenen Auslegung des Art. 2 Abs. 2 S. 1 GG, aus den genannten Gründen, nicht von der Entscheidung Dritter abhängen.[296] Weiterhin kann das Argument der biologischen Abhängigkeit auch in Form der zweitgenannten Ausprägung nicht gänzlich überzeugen. Wenn darauf abgestellt wird, dass eine autonome Entwicklung nur durch – von der Mutter abhängige – epigenetische Faktoren möglich sei, wird jedoch missverstanden, dass die von der Mutter abhängigen Faktoren zwar zu der Entwicklung beitragen, das genetisches Programm allerdings nicht erst vervollständigen. Denn der Entwicklungsplan ist im genetischen Programm des Embryos vollständig angelegt. Somit kann nicht davon gesprochen werden, es läge kein autonomes Entwicklungspotential vor. Die epigenetischen Faktoren sind nichts Anderes als jede weitere erforderliche Umgebungsbedingung, auf die es, wie gesehen, nicht ankommen kann. Es kommt hinzu, dass auch schon vor der Nidation Prozesse im mütterlichen Körper das Absterben des Embryos – etwa bei der Wanderung durch den Eilleiter – verhindern.[297] Es überzeugt also nicht, die Nidation als den insoweit einzig entscheidenden Faktor herauszustellen.

---

294 *Haßmann*, Embryonenschutz, S. 94 f.; so wohl auch *Hufen*, JZ 2004, 313 (315).

295 *Giwer*, Rechtsfragen der PID, S. 67 f; *Schmidt*, Rechtliche Aspekte der Genomanalyse, S. 95 f.

296 *Müller-Terpitz*, Der Schutz des pränatalen Lebens, S. 210.

297 *Müller-Terpitz*, Der Schutz des pränatalen Lebens, S. 212 f.

Auch die Nidation kann nach alledem nicht die maßgebliche Zäsur für den Beginn des verfassungsrechtlichen Lebensschutzes sein.

(4) Die Fertilisation

Die Fertilisation bezeichnet den Prozess der Befruchtung, der sich von der Imprägnation, über das Vorkernstadium, bis zur Verschmelzung der Zellkerne der weiblichen und männlichen Gameten erstreckt. Seit der Möglichkeit der In-vitro-Fertilisation ist es denkbar, im Hinblick auf den Prozess der Fertilisation noch weitere Abschnitte zu differenzieren, da in vitro zu verschiedenen Zeitpunkten Einwirkungen – wie etwa das Einfrieren – auf den Embryo denkbar sind.

Die Imprägnation, also das Eindringen des Spermiums in die Eizelle als frühesten denkbaren Zeitpunkt, wird – soweit ersichtlich – zumindest im rechtswissenschaftlichen Schrifttum nicht als Beginn menschlichen Lebens im Sinne des Art. 2 Abs. 2 S. 1 GG angesehen. Denn zu diesem Zeitpunkt besteht noch nicht der charakteristische individuelle Chromosomensatz, der den unentbehrlichen Bauplan zur Entwicklung des Ungeborenen enthält.

Das Pronukleusstadium hingegen wird durchaus als maßgebliche Zäsur angesehen. Schon ab diesem Zeitpunkt stehe das individuelle Genom fest, auch wenn die Verschmelzung der Vorkerne noch bevorstehe.[298]

Wird allerdings allein die Einzigartigkeit des Genoms als Bezugspunkt für das Lebensrecht des Ungeborenen genommen, versagt das Argument im Falle eineiiger Zwillinge. Jedem Zwilling steht unbeschadet des deckungsgleichen Genoms freilich ein eigenständiges Recht auf Leben zu. Mithin kann das Abstellen auf die Individualität nicht überzeugen.[299]

Schließlich könnte die Kernverschmelzung, als Zeitpunkt für den Beginn des kontinuierlichen Entwicklungsprozesses eines menschlichen Lebens, maßgeblich sein. Dafür spricht zunächst, dass der Embryo ab dem Zeitpunkt der Kernverschmelzung die Fähigkeit hat, sich durch Zellteilung zu entwickeln. Ab der Kernverschmelzung hat der Embryo erstmals das Potential, sich aus sich selbst heraus zu entfalten.[300] Vor diesem Zeitpunkt liegt dieses Potentialität hingegen noch nicht vor, da erst die Kombination des mütterlichen und väterlichen Erbmaterials die Information zur Entfaltung der Leibesfrucht generiert.[301]

---

298 *Schneider*, Rechtliche Aspekte der Präimplantations- und Präfertilisationsdiagnostik, S. 267.

299 *Müller-Terpitz*, Der Schutz des pränatalen Lebens, S. 252 ff; ähnlich auch: *Dederer*, AöR 2002, 1 (8).

300 Diese Auffassung lag offenbar auch der Normierung des § 3 Nr. 4 StZG zugrunde.

301 *Beier*, Reproduktionsmedizin 2000, 332 (334).

Neben dem Potentialitätsargument kann auch das Kontinuumsargument mit diesem Zeitpunkt der Kernverschmelzung verbunden werden. Denn die Kernverschmelzung ist der Beginn einer kontinuierlichen Entwicklung, die auf der individuellen Kombination genetischer Informationen beruht, die zu diesem Zeitpunkt erstmals entsteht. Aus der Erbinformation resultieren alle weiteren biologisch-physiologischen Entwicklungsschritte. Bis zum Tod kommt es zu keiner Zäsur oder zu einem Zeitabschnitt in der menschlichen Entwicklung, der sich dem Einfluss der Genetik entzieht.

Darüber hinaus beruht die Bestimmung des Zeitpunktes der Kernverschmelzung auf naturwissenschaftlichen, mithin deskriptiven Erkenntnissen. Denn im Gegensatz etwa zur Rechtswissenschaft ist die Naturwissenschaft eine beschreibende Wissenschaft, die sich Wertungen weitestgehend entzieht. Selbst wenn man annähme, dass menschliche Erkenntnisse stets von Wertungen beeinflusst sind, gewährt die Bestimmung eines Zeitpunktes anhand deskriptiver Kriterien jedenfalls den höchsten denkbaren Grad von Wertungs- und Willkürfreiheit bzw. -abwesenheit. Dabei liegt nur prima facie ein naturalistischer Fehlschluss vor, bei dem ohne normative Begründung vom Sein auf das Sollen rekurriert wird. Denn der Umstand, dass der Zeitpunkt der Kernverschmelzung mit dem Normbefehl des Art. 2 Abs. 2 S. 1 GG im Einklang steht, stellt die erforderliche juristische Verknüpfung dar.[302] Das Telos des Rechts auf Leben gebietet eine willkürfreie Bestimmung des Schutzbeginns. Diesem Normbefehl kann letztlich nur eine deskriptive Bestimmung entsprechen.

Vor dem Hintergrund dieser überzeugenden Argumente soll die Kernverschmelzung mit der wohl herrschenden Meinung[303] als maßgeblicher Zeitpunkt für die Zuschreibung des Rechts auf Leben herausgestellt werden.

(5) Exkurs: die abgespaltene Zelle als Grundrechtsträger

Fraglich ist insbesondere im Rahmen der Präimplantationsdiagnostik, ob auch die dem Embryo entnommenen Zellen ein Recht auf Leben haben. Denn nach der einfachgesetzlichen Regelung des § 8 Abs. 1 ESchG gilt als Embryo bereits die befruchtete, entwicklungsfähige menschliche Eizelle vom Zeitpunkt der Kernverschmelzung an, ferner jede einem Embryo entnommene totipotente

302 Ähnlich *Müller-Terpitz*, Der Schutz des pränatalen Lebens, S. 242 f.

303 *Lang*, Epping/Hillgruber GG, Art. 2, Rn. 64; *Müller-Terpitz*, Der Schutz des pränatalen Lebens, S. 216 f; *Giwer*, Rechtsfragen der PID, S. 78; *Ostendorf*, JZ 1984, 595 (598 f.); *Vitzthum*, JZ 1985, 201 (208); *Sternberg-Lieben*, JuS 1986, 673 (677); *Welling*, Genetisches Enhancement, S. 174 ff.

Zelle, die sich bei Vorliegen der dafür erforderlichen weiteren Voraussetzungen zu teilen und zu einem Individuum zu entwickeln vermag. Der Gesetzgeber scheint die abgespaltene totipotente Zelle also als vom Schutzbereich des Art. 2 Abs. 2 S. 1 GG erfasst anzusehen.

Der Begriff der Totipotenz setzt sich aus totus (lat.: ganz) und potentia (lat.: Kraft, Macht) zusammen. Auf den vorliegenden Kontext übertragen bedeutet Totipotenz also, dass der Zelle das Vermögen innewohnt, sich zu einem vollständigen Organismus zu entwickeln. So regelt es auch § 8 Abs. 1 ESchG. Zu betonen ist darüber hinaus, dass es sowohl bei § 8 ESchG als auch bei dem vorliegend interessierenden Begriff nur um die Totipotenz einer Zelle geht und nicht etwa um die eines Zellkerns oder Zellverbands. Nach bisherigen Erkenntnissen geht die Totipotenz bei einer Entwicklung über das Acht-Zell-Stadium hinaus – ungefähr am dritten Tag nach der Befruchtung – verloren.

Im Gegensatz zur Totipotenz bezeichnet der Begriff Pluripotenz die Fähigkeit einer Zelle, jeden beliebigen Zelltyp auszubilden.[304]

Man könnte nunmehr der Auffassung sein, dass lediglich der Gesamtentität des Embryos das Recht auf Leben zukomme, nicht aber jeder Zelle des Embryos ein eigenständiges. Die Entnahme einer einzigen Zelle wäre demnach wie eine Gewebeprobenentnahme bei einem Erwachsenen einzuordnen.[305] Aus dem Umstand, dass der abgespaltenen Zelle die in den Erbanlagen begründete Potentialität innewohnt, sich zu einem erwachsenen Menschen zu entwickeln, wird jedoch teilweise abgeleitet, dass auch ihr verfassungsrechtlicher Schutz zugutekommen solle.[306] Dem wird wiederum entgegengehalten, dass diese abgespaltene Zelle nur die Fähigkeit besitze sich zu einem vollständigen Individuum zu entwickeln, wenn sie in eine entleerte Eizelle mit einer sogenannte Zona pellucida (Eizellschutzhülle) implantiert würde.[307] Aus naturwissenschaftlicher Sicht ist diese Frage jedoch noch nicht abschließend entschieden.

Angenommen eine abgespaltene Zelle könnte sich, ohne in eine Zona pellucida implantiert worden zu sein, nicht zu einem vollständigen Individuum entwickeln. Dann wäre allerdings fraglich, ob dieser Umstand ausreicht, um der Zelle die aktive Potentialität abzusprechen. Dies wäre indessen nicht der Fall, wenn man die Zona pellucida lediglich als notwendige Umgebungsbedingung einstufen würde.

---

304 *Taupitz* in: Günther/Taupitz/Kaiser, ESchG, C.II., § 8, Rn. 35.

305 *Middel*, Verfassungsrechtliche Fragen der PID, S. 131.

306 *Beckmann*, MedR 2001, 169 (171); so wohl auch: *Henking*, Wertungswidersprüche zwischen Embryonenschutzgesetz und den Regelungen des Schwangerschaftsabbruchs?, S. 248.

307 *Giwer*, Rechtsfragen der PID, S. 20.

Geht man hingegen davon aus, dass die Zona pellucida die aktive Potentialität erst komplettiere[308], müsste man eine Grundrechtsträgerschaft der abgespaltenen Zelle ablehnen. Letztlich wird man diese Frage jedoch nur sachgerecht entscheiden können, wenn dieselbe auf gesicherten naturwissenschaftlichen Fakten begründet wäre.[309]

Für die vorliegende Arbeit reicht es jedoch festzuhalten, dass alle mit dem Embryo verbundenen Zellen zu der Entität des Grundrechtsträgers gehören.

dd) Zwischenergebnis

Nur der Zeitpunkt der Kernverschmelzung kann nach der Analyse der biologisch-physiologischen Begründungsansätze überzeugen. Dieser Zeitpunkt stellt den Beginn des menschlichen Lebens im Sinne des Art. 2 Abs. 2 S. 1 GG dar.

f) Ergebnis der Auslegung

Die vieldiskutierte Frage, ob Art. 2 Abs. 2 S. 1 GG auch das Ungeborene schützt, konnte mittels der klassischen Auslegungsmethoden positiv beantwortet werden. Für den Beginn des Lebensschutzes verlangt das Telos des Art. 2 Abs. 2 S. 1 GG insbesondere ein Höchstmaß an Wertungsfreiheit. Diesen Anforderungen konnte der Zeitpunkt der Kernverschmelzung am ehesten gerecht werden. Darüber hinaus steht die so vorgenommene Bestimmung des Zeitpunktes nicht im Widerspruch zur Rechtsprechung des Bundesverfassungsgerichts und zu den SKIP-Argumenten[310]. Denn das Bundesverfassungsgericht hat sich zu dem Zeitraum vor der Nidation nicht explizit geäußert. Ferner ist der Embryo bereits ab der Kernverschmelzung der Spezies Mensch zugehöriges individuelles Wesen, dass das Potential besitzt sich in einem kontinuierlichen Prozess zu einem Erwachsenen zu entwickeln.

3. Ergebnis zum Schutzbereich

Das ungeborene Leben ist nach der hier vertretenen Auffassung ab der Kernverschmelzung vom Schutzbereich des Art. 2 Abs. 2 S. 1 GG erfasst.

---

308 So: *Giwer*, Rechtsfragen der PID, S. 82.

309 *Müller-Terpitz*, Der Schutz des pränatalen Lebens, S. 262.

310 Dazu oben: 2. Kapitel, II. 2. a).

II. Grundrechtsbeeinträchtigungen

Zunächst werden drei voneinander abzugrenzende Begrifflichkeiten erläutert. Die Begriffe Eingriff, Verletzung und Beeinträchtigung werden oftmals synonym verwendet. Eine klare Differenzierung dieser Termini ist allerdings hilfreich, um Missverständnisse zu vermeiden. Der Eingriff, dessen klassische und moderne Ausformung allseits bekannt ist, unterscheidet sich von dem Begriff der Verletzung dadurch, dass eine Verletzung eines Grundrechts erst anzunehmen ist, wenn der Eingriff nicht zu rechtfertigen ist.[311] Der Begriff der „Beeinträchtigung" wird im Rahmen dieser Untersuchung als „Verstoß", nicht als bloße „Störung" verstanden.[312] Im Hinblick auf das Recht auf Leben drängt sich dieses Verständnis auf, da eine Störung des Lebensrechts nicht denkbar ist. Eine Beeinträchtigung wird bisweilen definiert als „jede nachteilige Einwirkung auf das geschützte Gut."[313] In Abgrenzung zum „Eingriff" sagt der Begriff der Beeinträchtigung nach dem hier vertretenen Verständnis insbesondere nichts darüber aus, ob die Handlung hoheitlichen oder privaten Ursprungs ist. Lediglich im Hinblick auf die Voraussetzungen für die Annahme einer Beeinträchtigung kann diese, zumindest bei einem modernen Verständnis, als „Eingriffsäquivalent"[314] verstanden werden. Wenn eine Beeinträchtigung dem Staat zuzurechnen ist, betrifft sie ein Grundrecht in seiner abwehrrechtlichen Funktion.

Der Schutzbereich des Rechts auf Leben wird durch „jede gewollte oder ungewollte Tötung eines Menschen" beeinträchtigt.[315] Nun führt eine genetische Untersuchung nur selten unmittelbar zum Tode des Ungeborenen. Die üblichen invasiven Behandlungsmethoden der Pränataldiagnostik, namentlich Fruchtwasserpunktion, Chorionzottenbiopsie und Nabelschnurpunktion bergen ein Abortrisiko für den Fötus von 1 %[316], da im Rahmen der Untersuchung mit einer Nadel in den Bauchraum der Schwangeren eingedrungen wird. Also kommt man prima facie nur in einem von 100 Fällen zu der Annahme einer unmittelbaren Beeinträchtigung. Im Bereich der nichtinvasiven Pränataldiagnostik ist der

---

311 *Pieroth/Schlink/Kingreen/Poscher*, Grundrechte, Rn. 245.

312 Vgl. dazu *Murswiek*, Die staatliche Verantwortung für die Risiken der Technik, S. 127 f.

313 *Murswiek*, Die staatliche Verantwortung für die Risiken der Technik, S. 129.

314 *Szczekalla*, Die sogenannte grundrechtliche Schutzpflicht im deutschen und europäischen Recht, S. 94 ff. und 171.

315 *Murswiek* in: Sachs GG, Art. 2, Rn. 152.

316 Laut *Propping/Schott*, DÄ (46) 2014, 2006, kommen auf 70 000 invasive Eingriffe 700 Fehlgeburten, dies entspricht 1 %.

unmittelbar durch die Untersuchung verursachte Tod des Ungeborenen sogar gänzlich ausgeschlossen.

Betrachtet man das Verfahren vorgeburtlicher genetischer Untersuchungen in seiner Gesamtheit[317], stellt sich zunächst die Frage, ob schon das hervorgerufene Risiko für das Lebensrecht als Beeinträchtigung anzusehen ist. Dies betrifft zum einen das benannte Abortrisiko invasiver Pränataldiagnostik, aber darüber hinaus auch die sowohl durch invasive als auch durch nichtinvasive Pränataldiagnostik entstehende Möglichkeit eines, an die ermittelten genetischen Eigenschaften anknüpfenden Schwangerschaftsabbruchs. Denn ohne die Ergebnisse der Untersuchung könnte eine Mutter zumindest nicht jene Abtreibung veranlassen, die auf die Selektion bestimmter genetischer Merkmale ausgerichtet ist.

Des Weiteren ist zu klären, ob dem Staat durch die grundsätzliche Zulassung frühdiagnostischer Verfahren eine Verantwortlichkeit für etwaige Beeinträchtigung des Grundrechts zuzurechnen ist.

1. Grundrechtsgefährdungen

„Zwar liegen bloße Grundrechtsgefährdungen im allgemeinen noch im Vorfeld verfassungsrechtlich relevanter Grundrechtsbeeinträchtigungen."[318] Nach gefestigter Rechtsprechung des Bundesverfassungsgerichts sind Grundrechtsgefährdungen jedoch im Rahmen des Art. 2 Abs. 2 S. 1 GG unter gewissen Umständen einer Beeinträchtigung gleichzusetzen.[319] Auch die herrschende Auffassung in der Literatur schließt sich dieser Gleichstellung zu Recht an, „wenn die Gefährdung einer Verletzung gleichzuerachten ist."[320] Der Schutz vor bloßen Gefährdungen ist jedenfalls im Rahmen von Art. 2 Abs. 2 S. 1 GG von großer Bedeutung, weil eine Verletzung des Rechtsguts „Leben" irreversibel, mit anderen Worten unumkehrbar ist.[321] Es reicht dabei nicht aus, an die rechtliche Anordnung (etwa ein Gebot zur Vornahme vorgeburtlicher genetischer Untersuchungen) der tatsächlichen Einwirkung anzuknüpfen. Für die Gewährung effektiven Rechtsschutzes

---

317 Umstritten ist lediglich, ob die kaum praxisrelevanten sog. Lifestyletests vom Anwendungsbereich erfasst sind.

318 BVerfGE 51, 324 (346).

319 BVerfGE 49, 89, (141); 51, 324 (346 f.); 52, 214 (220); 77, 170 (220).

320 *Schulze-Fielitz* in: Dreier GG, Art. 2 II, Rn. 43; ferner *Lang* in: Epping/Hillgruber GG, Art. 2 Rn. 73; *Jarass* in: Jarass/Pieroth GG, Art. 2, Rn. 90; *Kunig* in: Münch/Kunig GG, Bd. 1, Art. 2 Rn. 55; *Rauschning*, Deutschland nach 30 Jahren Grundgesetz, S. 179.

321 *Müller-Terpitz* in: HStR VII, § 147, Rn. 36; *Schulze-Fielitz* in: Dreier GG, Art. 2 II, Rn. 43.

müssen auch tatsächliche Gefährdungen als Grundrechtsbeeinträchtigung qualifiziert werden können.[322]

a) *Risiko und Wahrscheinlichkeit*

Die Frage, ob jede noch so geringe Eintrittswahrscheinlichkeit eine relevante Grundrechtsgefährdung darstellt, verlangt nach einem Kriterium zur Bestimmung des Schutzumfangs. Dieses Kriterium wird als erforderliches Gefahrenniveau oder als Gefahrenschwelle[323] bezeichnet. Die Anwendung dieses Kriteriums könnte Aufschluss darüber geben, ob die im Rahmen invasiver Pränataldiagnostik auftretenden unmittelbaren Abortrisiken als Gefährdung und damit schließlich als Beeinträchtigung anzusehen sind.

Für die Bestimmung des erforderlichen Gefahrenniveaus wird teilweise ein Gedanke des vorläufigen Rechtsschutz herangezogen, der auf „Art, Nähe und Ausmaß möglicher Gefahren, die Art und den Rang des verfassungsgeschützten Rechtsguts" abstellt.[324] Vielfach wird auch auf den ähnlichen polizei- und ordnungsrechtlichen Gefahrenbegriff zurückgegriffen, der für das technische Sicherheitsrecht weiterentwickelt und auch im Verfassungsrecht angewandt wurde.[325] Nach der gängigsten Ausformung dieses Begriffs ist eine Gefahr anzunehmen, wenn eine Sachlage bei ungehindertem Geschehensablauf mit hinreichender Wahrscheinlichkeit zu einem Schaden führt. Die Wahrscheinlichkeit des Schadenseintritts steht dabei in Korrelation mit der zu befürchtenden Intensität des Schadens. Je schwerer also der zu erwartende Schaden wiegt, desto geringere Anforderungen sind an den Grad der Wahrscheinlichkeit zu stellen.[326] Zwar wird teilweise die Verwendung des polizei- und ordnungsrechtlichen Gefahrenbegriffs, wegen seines einfachgesetzlichen Ursprungs kritisiert. Das einfache Recht könne das Verfassungsrecht nicht determinieren.[327] Vielmehr liege eine Beeinträchtigung des Rechts auf Leben „jedenfalls" dann vor, wenn eine Verletzung des Lebens „ernsthaft zu befürchten" sei.[328] Diese Formel kann allerdings auch nicht mehr Licht ins Dunkel bringen, da nicht klar ist, wann der erforderliche Grad

---

322 *Lorenz* in: Kahl/Waldhoff/Walter BK GG, Art. 2 Abs. 2 S. 1, Rn. 470.

323 Vgl. etwa *Isensee* in: Isensee/Kirchhof, HStR Bd. IX, § 191 Rn. 235.

324 BVerfGE 49, 89 (142).

325 *Hermes*, Das Grundrecht auf Schutz von Leben und Gesundheit, S. 236 f; *Krings*, Grund und Grenzen Grundrechtlicher Schutzansprüche, S. 229 m.w.N.

326 BVerfGE 49, 89 (138).

327 *Dietlein*, Die Lehre von den Grundrechtlichen Schutzpflichten, S. 108.

328 BVerfGE 51, 324 (347); *Müller-Terpitz*, in: Isensee/Kirchhof, HStR Bd. VII, § 147, Rn. 56; *Jarass* in: Jarass/Pieroth GG, Art. 2, Rn. 90.

der „ernsthaften Befürchtung“ erreicht sein soll. Wegen dieser Ungenauigkeit soll die Formel unberücksichtigt bleiben und der Gefahrenbegriff verwendet werden.

Ob schon die Wahrscheinlichkeit von einem Abort in 100 Fällen, unmittelbar verursacht durch die vorgeburtliche genetische Untersuchung, ausreicht, hängt also von der Schwere des zu erwartenden Schadens ab.[329] Im Rahmen der Ausführungen zum Schutzbereich ist hinreichend deutlich geworden, welchen hohen Wert das Lebensrecht im Verfassungsgefüge einnimmt. Das Leben ist Voraussetzung aller anderen Grundrechte.[330] Von herausragender Bedeutung ist, dass das Leben nicht mehr oder weniger beeinträchtigt werden kann – es ist nur Leben oder Nichtleben denkbar („Alles oder Nichts“). Ein Verstoß gegen das Lebensrecht ist irreversibel.[331] Deshalb kann die Schwere des zu erwartenden Schadens nicht hoch genug eingestuft werden. Demgemäß geht die überwiegende Ansicht zu Recht davon aus, dass zumindest im Rahmen des Rechts auf Leben nahezu jede Gefahr ausreicht.[332] Selbst geringste Wahrscheinlichkeiten, wie beim sogenannten „Restrisiko“ fielen danach nicht aus dem Anwendungsbereich, sondern könnten lediglich bei der Abwägung mit entgegenstehenden Rechtsgütern Berücksichtigung finden.[333] Dieser sehr weit gehende Ansatz wird jedoch kritisiert, da ein „totaler“ Schutz nicht denkbar sei und die Sicherheit des Einen mit der Freiheit des Anderen bezahlt werde.[334]

Der Streit um das sogenannte Restrisiko kann hier jedoch dahinstehen, da von diesem Begriff lediglich wissenschaftlich kaum fassbare Risiken erfasst sind. Das hier relevante Risiko ist hingegen wissenschaftlich eindeutig bestimmbar und liegt keinesfalls nahezu außerhalb jeder Wahrscheinlichkeit.

Die invasiven pränataldiagnostischen Verfahren stellen wegen der ihnen immanenten Abortrisiken demnach beeinträchtigungsgleiche Grundrechtsgefährdungen dar.

329 *Schmidt*, Rechtliche Aspekte der Genomanalyse, S. 105, lässt schon ein Risiko von 0,1 % ausreichen.

330 *Müller-Terpitz*, in: Isensee/Kirchhof, HStR Bd. VII, § 147, Rn. 56.

331 *Müller-Terpitz* in: HStR VII, § 147, Rn. 36; *Schulze-Fielitz* in: Dreier GG, Art. 2 II, Rn. 43.

332 *Hermes*, Das Grundrecht auf Schutz von Leben und Gesundheit, S. 240; *Middel*, Verfassungsrechtliche Fragen der PID, S. 128; so wohl auch: *Giwer*, Rechtsfragen der PID, S. 92; *Lorenz* in: BK GG, Art. 2 Abs. 2 S. 1, Rn. 472.

333 *Isensee* in: Isensee/Kirchhof, HStR Bd. IX, § 191 Rn. 238.

334 *Dietlein*, Die Lehre von den Grundrechtlichen Schutzpflichten, S. 105.

b) Der sogenannte Selektionsautomatismus

Die Offenlegung der genetischen Eigenschaften durch vorgeburtliche Diagnostik ermöglicht eine Entscheidung über einen Schwangerschaftsabbruch unter Einbeziehung der ermittelten Daten. Das Phänomen, das Leben Ungeborener von bestimmten genetischen Eigenschaften abhängig zu machen, wurde unter dem Begriff des sogenannten Selektionsautomatismus insbesondere im Rahmen der Diskussion um die Präimplantationsdiagnostik thematisiert. Dort wird teilweise eine Gefährdung des Lebensrechts aufgrund des Selektionsautomatismus angenommen.[335] Wie noch zu zeigen sein wird, könnte sich das Problem aber für die Pränataldiagnostik gleichermaßen stellen. Allerdings wird überwiegend bestritten, dass der Pränataldiagnostik ein Selektionsautomatismus immanent sei.

Die Präimplantationsdiagnostik ziele einzig darauf ab, eine Entscheidung über die Implantation zu fällen.[336] Im Gegensatz dazu diene die Pränataldiagnostik nicht nur dazu, eine Entscheidung über den Schwangerschaftsabbruch zu fällen. Vielmehr habe die Pränataldiagnostik eine „schwangerschaftsbegleitende“[337] Funktion. Dies gelte insbesondere für nichtinvasive Diagnostik, wie etwa Ultraschalluntersuchungen. Aber auch invasive Methoden würden primär zum Einsatz kommen, um die Eltern über den Gesundheitszustand ihres Kindes zu informieren, der auch für die Mutter Relevanz entfalten könne. Der meist negative Befund habe eine beruhigende Wirkung auf die Eltern.[338] Anderenfalls ermögliche die Diagnose medizinische Reaktion und Vorbereitungsmaßnahmen. Die Pränataldiagnostik komme insoweit dem Kind zugute.[339] Die Vornahme der Pränataldiagnostik spreche schon dafür, dass sich die Mutter grundsätzlich wünsche, das Kind auszutragen, da bei gegenteiliger Gesinnung eine Abtreibung „einfach“ vor der zwölften Woche vorgenommen werden könne.[340]

Bei genauerer Betrachtung beruht der Vorwurf, zumindest der Präimplantationsdiagnostik sei ein Selektionsautomatismus immanent, auf der Quote der Nichtimplantation positiv getesteter Embryonen, denn Selektion bedeutet Auslese. Der Vorwurf beruht also nicht auf der Quote der absolut nicht implantierten

---

335 *Ferdinand*, Pränatal- und Präimplantationsdiagnostik aus verfassungsrechtlicher Sicht, S. 184 f.

336 *Müller-Terpitz*, Der Schutz des pränatalen Lebens, S. 555.

337 *Müller-Terpitz*, Der Schutz des pränatalen Lebens, S. 555.

338 Positionspapier der Dt. Gesellschaft für Gynäkologie und Geburtshilfe, Schwangerschaftsabbruch nach Pränataldiagnostik, S. 4 (abrufbar unter: www.dggg.de; letzter Zugriff 21.04.2016).

339 *Müller-Terpitz*, Der Schutz des pränatalen Lebens, S. 555.

340 *Scherrer*, Das Gendiagnostikgesetz, S. 241.

Embryonen.[341] Ein Selektionsautomatismus müsste demnach auch für die Pränataldiagnostik angenommen werden, wenn positiv getestete Embryonen regelmäßig getötet werden. Zur Erörterung dieses Aspekts bedarf es der Betrachtung der hierzu verfügbaren Statistiken.

aa) Statistische Erhebungen

Eine Studie aus der Schweiz, erhoben in den Jahren 1980 bis 1992, hat gezeigt, dass 92,2 % der pränatal festgestellten Fälle von Trisomie 21 abgetrieben wurden.[342] Eine weitere statistische Erhebung, ebenfalls aus der Schweiz, in den Jahren 1988 bis 1997 ergab eine Schwangerschaftsabbruchrate nach pränataler Diagnose einer Trisomie 21 von 84 %.[343] Aus Deutschland existieren Zahlen aus Sachsen-Anhalt in den Jahren 1980 bis 1986 und 1997. Laut der damaligen Erhebung des Statistischen Bundesamtes wurden sämtliche Schwangerschaften mit einer Trisomie-21, die pränatal diagnostiziert wurden, abgebrochen.[344] Bemerkenswert ist, das es – ausweislich der Stellungnahme des Deutschen Ethikrates zur Präimplantationsdiagnostik – keine aktuelleren deutschen Zahlen gibt.[345] Eine umfassende Erhebung des Statistischen Bundesamtes zur spezifischen Frage nach Schwangerschaftsabbrüchen infolge pränataler Diagnostik wurde mit dem Hinweis darauf nicht vorgenommen, dass die geltende Rechtslage keine Regelung des Schwangerschaftsabbruch nach Pränataldiagnostik vorsehe.[346] Eine europaweite stichprobenartige Studie aus dem Jahre 2008 gibt für Mainz eine Abtreibungsrate nach positiver Pränataldiagnostik von 96 % an.[347] In der juristischen Fachliteratur wird regelmäßig von einer Abbruchrate positiv getesteter Feten von 90 % ausgegangen.[348]

Es ist anzunehmen, dass sich die vorstehend aufgeführten Statistiken auch auf andere Chromosomenaberrationen übertragen lassen, die eine vergleichbar schwere Erkrankung zur Folge haben. Denn den betroffenen Eltern wird

---

341 In der Praxis sollten sich diese Varianten bei Beachtung des § 1 Abs. 1 Nr. 2 ESchG entsprechen.

342 *Mutter/Binkert/Schinzel*, Prenatal Diagnosis 2002, 835.

343 *Achermann/Addor/Schinzel*, Schweizerische medizinische Wochenschrift 2000, 1326 (1328).

344 BT-Drucks. 14/1045, S. 12.

345 BT-Drucks. 17/5210, S. 20, Fn. 62; BT-Drucks. 14/1045, S. 4 und 6.

346 BT-Drucks. 14/1045, S. 4.

347 *Boyd* et al., BJOG 2008, 689 (693), Tabelle 4.

348 Beispielsweise: *Frommel*, Reproduktionsmedizin 2002, 158 (163); *Henking*, ZRP 2012, 20 (22).

es regelmäßig nicht darauf ankommen, kein Kind mit Down-Syndrom im Speziellen zu bekommen. Sie werden vielmehr allgemein verhindern wollen, ein Kind mit einer schweren Behinderung zu bekommen.

Die überwiegend positive mediale Darstellung des Down-Syndroms könnte zu einer breiteren gesellschaftlichen Akzeptanz führen als bei vergleichsweise unbekannten genetischen Erkrankungen. Vor diesem Hintergrund ist auch eine höhere Abtreibungsrate bei schwereren, stigmatisierenderen oder unbekannteren Erkrankungen denkbar.

bb) Schlussfolgerungen

Das Argument der überwiegend schwangerschaftsbegleitenden Funktion der Pränataldiagnostik kann im Ergebnis nicht überzeugen. Zwar mag die Mehrheit der Untersuchungen zu einem negativen Ergebnis führen, den Vorwurf des Selektionsautomatismus kann dies jedoch nicht entkräften. Wenn man bei der Präimplantationsdiagnostik einen Selektionsautomatismus annehmen will, muss man diesen vor dem Hintergrund der genannten Zahlen ebenso für die Pränataldiagnostik annehmen.

Nach alledem ist aber noch nicht gesagt, dass der Selektionsautomatismus im Rahmen der invasiven und insbesondere nichtinvasiven Pränataldiagnostik zu einer Gefährdung des Rechts auf Leben im oben dargestellten Sinne führt. Denn bei den nichtinvasiven Verfahren der Pränataldiagnostik, insbesondere Ultraschalluntersuchungen und Tests auf fetale DNS im mütterlichen Blut, bestehen keine Abortrisiken. Sie führen mithin nicht unmittelbar zu einer Gefährdung im oben beschriebenen Sinne. Doch auch das Risiko durch einen selektiven, also einen auf den ermittelten genetischen Eigenschaften beruhenden Schwangerschaftsabbruch getötet zu werden, kann in einer Wahrscheinlichkeitsangabe ausgedrückt werden.

Dagegen wird eingewandt, dass die Diagnostik selbst noch keine Gefahr im oben beschriebenen Sinne (von den Abortrisiken der invasiven Pränataldiagnostik einmal abgesehen) für das Recht auf Leben darstelle, da nicht jede Ursache in dem zum Schwangerschaftsabbruch führenden Kausalverlauf relevant sein könne.[349] Erhalte die Schwangere etwa die Diagnose einer bestehenden Schwangerschaft, ginge sonst folgerichtig schon von ihr eine Gefahr für das Kind aus, da durch die Feststellung die Möglichkeit des Schwangerschaftsabbruchs bestünde.

349 *Ferdinand*, Pränatal- und Präimplantationsdiagnostik aus verfassungsrechtlicher Sicht, S. 103.

Die von der Untersuchung ausgehende Gefahr sei eher als latente Gefahr einzustufen. Es erfordere also noch das Hinzutreten von Umständen, die sie realisieren.[350]

Dem kann jedoch sogleich entgegengehalten werden, dass es auch bei den invasiven Verfahren der Pränataldiagnostik eines hinzutretenden Umstandes bedarf, etwa einer nicht dem ärztlichen Standard entsprechenden Vornahme der Untersuchung, um die Gefahr zu realisieren. Eine Grenzziehung dahingehend, dass bestimmte hinzutretende Umstände relevant seien, andere hingegen nicht, würde zu willkürlichen Ergebnissen führen.

Deshalb ist die statistische Häufigkeit des Eintritts dieser Umstände maßgeblich für die Wahrscheinlichkeit im Rahmen des Gefahrenbegriffs.

Im Hinblick auf die bloße Feststellung der Schwangerschaft muss wiederum eine differenzierende Betrachtung vorgenommen werden.

Die bloße Feststellung der Schwangerschaft, beispielsweise durch eine Ultraschalluntersuchung, führt nicht unmittelbar zu einer Beeinträchtigung des Rechts auf Leben, da keine Abortrisiken bestehen. Dies gilt für die nichtinvasive Pränataldiagnostik freilich genauso. Gleichwohl decken beide Untersuchungen Umstände auf, die Anlass zu einem Schwangerschaftsabbruch geben können.

Im Jahre 2013 wurden 14,5 Schwangerschaftsabbrüchen nach der Beratungsregelung auf 100 Lebendgeburten registriert.[351] Es ist davon auszugehen, dass die in dieser Quote abgebildeten Schwangerschaftsabbrüche ganz überwiegend ohne Kenntnis über genetische Eigenschaften des Ungeborenen vorgenommen wurden. Denn die bis dahin gängigen vorgeburtlichen Untersuchungen liefern Ergebnisse regelmäßig erst nach Ablauf der zwölften Schwangerschaftswoche. Zu der Annahme eines Selektionsautomatismus haben diese Zahlen freilich nie geführt.

Im Hinblick auf die Schwangerschaftsabbrüche, die auf der Kenntnis über genetische Eigenschaften des Ungeborenen beruhen, ist zu berücksichtigen, dass je nach Alter der Mutter ein recht geringes Basisrisiko für genetische Erkrankungen besteht und ebenfalls nach Alter divergierend < 60 %[352] der Schwangeren Pränataldiagnostik in Anspruch nehmen und von diesen wiederum 84 bis

---

350 *Schmidt*, Rechtliche Aspekte der Genomanalyse, S. 107.

351 Die Pressemitteilung Nr. 434 des Statistischen Bundesamtes vom 08.12.2014 besagt, dass im Jahre 2013 682.000 Kinder geboren wurden (https://www.destatis.de/DE/PresseService/Presse/Pressemitteilungen/2014/12/PD14_434_126.html; letzter Zugriff 31.07.2016); die Zahl der Schwangerschaftsabbrüche nach Beratungsregelung im gleichen Jahr betrug 99.079 (https://www.destatis.de/DE/ZahlenFakten/GesellschaftStaat/Gesundheit/Schwangerschaftsabbrueche/Tabellen/RechtlicheBegruendung.html; letzter Zugriff 31.07.2016); daraus ergibt sich eine Quote von 14,5 %.

352 *Renner*, Forum Sexualaufklärung und Familienplanung 2007, 7 (8).

100 % einen Abbruch bei Verwirklichung des jeweiligen Basisrisikos vornehmen lassen.

Unabhängig vom Bestehen oder Nichtbestehen eines Selektionsautomatismus, ist eine Gefährdung im oben dargestellten Sinne anzunehmen, wenn durch die Untersuchung das bloß rational fassbare Risiko entsteht, getötet zu werden. Die genannten Zahlen belegen die rationale Fassbarkeit dieses Risikos eindrücklich.

Für den Fall der Feststellung der Schwangerschaft ist schließlich zu konstatieren, dass es aus den genannten Gründen fehl ginge schon die Beeinträchtigung abzulehnen. Diesbezüglich können sachgerechte Ergebnisse möglicherweise über eine hypothetische Einwilligung des Embryos in die Vornahme der Untersuchung erzielt werden.

c) Einwilligung

Es soll nunmehr Überlegungen zu der Frage folgen, ob eine hypothetische Einwilligung des Embryos, in die Vornahme vorgeburtlicher genetischer Untersuchungen, in Betracht zu ziehen ist. Denn ein Grundrechtsträger hat grundsätzlich die Möglichkeit in etwaige Grundrechtbeeinträchtigungen einzuwilligen,[353] wenngleich es auch „verzichtfeindliche“ Grundrechte geben soll.[354] Umstritten ist, ob eine Einwilligung schon die Beeinträchtigung entfallen lässt oder ob sie zu einer Rechtfertigung der Beeinträchtigung führt.[355] Da es vorliegend jedoch nicht auf diese dogmatische Unterscheidung ankommt, soll die Frage unbeantwortet bleiben.

Die verfassungsrechtliche Herleitung der Einwilligung erfolgt entweder über das jeweilige Grundrecht selbst, sofern die Einwilligung zur Wahrung des Rechtsguts förderlich ist – so etwa bei der Einwilligung in eine den Körper verletzende ärztliche Behandlung zur Wahrung oder Wiederherstellung der körperlichen Unversehrtheit – oder aus der allgemeinen Handlungsfreiheit.[356]

Eine Einwilligung in eine Untersuchung, die eine Gefahr des Todes erhöht, kann jedenfalls nicht aus Art. 2 Abs. 2 S. 1 GG abgeleitet werden, da dies der

---

353 *Di Fabio* in: Maunz/Dürig GG, Art. 2 Abs. 2 S. 1, Rn. 36; *Jarass* in: Jarass/Pieroth GG, Vorb. Art. 1, Rn. 35; *Dreier* in: Dreier GG, Vorb. Rn. 133.

354 *Dreier* in: Dreier GG, Vorb. Rn. 133.

355 Nach *Sachs* in: Sachs GG, Vorb. Art. 1, Rn. 55, Fn. 147, kommt es auf diese Unterscheidung im Verfassungsrecht nicht an; für den Ausschluss eines Eingriffs durch Grundrechtsverzicht *Bethge*, Die verfassungsrechtliche Zulässigkeit des Grundrechtsverzichts, S. 198.

356 *Ferdinand*, Pränatal- und Präimplantationsdiagnostik aus verfassungsrechtlicher Sicht, S. 104 ff.

primär rechtsgutwahrenden Funktion des Grundrechts zuwiderlaufen würde. Eine Einwilligungsbefugnis kommt dann allenfalls nach Art. 2 Abs. 1 GG in Betracht.[357] Ein Ungeborenes kann eine Einwilligung jedoch noch nicht abgeben. Demnach ist lediglich eine hypothetische Einwilligung denkbar, für deren Vorliegend das mutmaßliche Interesse des Ungeborenen maßgeblich ist.[358]

Fraglich ist jedoch, welche Umstände bei der Bestimmung des mutmaßlichen Interesses zu berücksichtigen sind. Denn eine vorgeburtliche genetische Untersuchung scheint zunächst durchaus im Interesse des Ungeborenen zu sein, wenn die Eltern diese vornehmen lassen wollen, um sich bestmöglich auf ein Leben mit einem potentiell schwer erkrankten Kind vorzubereiten. Dieses Motiv kann sich aber leicht und jederzeit ändern. Da es jedoch vorliegend darum geht, entweder eine Grundrechtsbeeinträchtigung aufgrund der Einwilligung von vornherein abzulehnen oder zumindest eine rechtfertigende Wirkung anzunehmen, darf die Bestimmung der Einwilligung nicht von derart unsicheren Umständen abhängen. Die Motive Dritter können demnach nicht zur Bestimmung des mutmaßlichen Interesses herangezogen werden. Vielmehr ist das mutmaßliche Interesse anhand objektiver Kriterien zu bestimmen.

Im Hinblick auf Untersuchungen, die der bloßen Feststellung der Schwangerschaft dienen, ist von einer hypothetischen Einwilligung des Ungeborenen auszugehen. Denn die bloße Feststellung der Schwangerschaft birgt nur in Ausnahmefällen die Gefahr des Todes (etwa wenn die Schwangerschaft nach der Beratungsregelung abgebrochen wird). Wohingegen aus der Kenntnis etwaiger genetischer Erkrankungen regelmäßig eine Abbruchsentscheidung folgt. Ein solcher Selektionsautomatismus besteht bei der Untersuchung zur bloßen Feststellung der Schwangerschaft aber gerade nicht. Vielmehr ist der Hauptzweck dieser Untersuchung die angemessene Betreuung der Schwangeren, die letztlich dem Wohl des Kindes zugutekommt.

Darüber hinaus ist eine hypothetische Einwilligung immer dann anzunehmen, wenn die Untersuchung der Abklärung einer Erkrankung dient, die durch etwaige Therapiemaßnahmen kuriert werden kann. Denn die weit überwiegende Mehrheit der Eltern wird keinen Schwangerschaftsabbruch vornehmen lassen, wenn Aussicht auf Heilung besteht. Sind die Heilungschancen jedoch

357 *Ferdinand,* Pränatal- und Präimplantationsdiagnostik aus verfassungsrechtlicher Sicht, S. 106 ff; Letzteres jedoch mit Verweis auf die strafrechtliche Sanktionierung der Tötung auf Verlangen in Frage stellend: *Schmidt,* Rechtliche Aspekte der Genomanalyse, S. 109.

358 *Bethge,* Die verfassungsrechtliche Zulässigkeit des Grundrechtsverzichts, S. 136 f.

gering, ist die Wahrscheinlichkeit einer Genesung mit der Wahrscheinlichkeit des Todes abzuwägen.

Demgegenüber ist eine vorgeburtliche genetische Untersuchung mit dem Ziel der Abklärung einer genetischen Erkrankung, für die von vornherein keine Heilungsmöglichkeiten bestehen, nicht im Interesse des Ungeborenen.[359] Dies gilt ebenso für Untersuchungen die der Abklärung einer Erkrankung dienen, für die bloß die Aussicht auf Linderung besteht. Zwar scheint eine hypothetische Einwilligung im letztgenannten Fall zu bestehen, da ein positives Einwirken auf die Erkrankung denkbar ist. Doch nur ein sehr geringer Anteil der betroffenen Eltern entscheidet sich für die Geburt eines unheilbar erkrankten Kindes. Ein Schwangerschaftsabbruch wird selbst dann regelmäßig vorgenommen, wenn die Symptome der Erkrankung durch etwaige Therapiemaßnahmen gelindert werden können. Dies zeigt insbesondere die Abtreibungsrate bei bestehendem Down-Syndrom, für das ein vielfältiges Angebot zur Entwicklungsunterstützung verfügbar ist.

d) Zwischenergebnis

Nach alledem lässt sich festhalten, dass sowohl invasive als auch nichtinvasive vorgeburtliche genetische Untersuchungen zu einer relevanten Gefährdung Ungeborener führen. Etwaige Beeinträchtigungen sind nur dann von der hypothetischen Einwilligung des Ungeborenen gedeckt, soweit die Untersuchung im Interesse des Ungeborenen ist. Ein solches ist jedenfalls anzunehmen, wenn die Untersuchung auf die Abklärung einer heilbaren Erkrankung abzielt.

2. Zurechnung

Die Vornahme vorgeburtlicher genetischer Untersuchung mag prima facie ausschließlich Privaten zuzurechnen sein. Allerdings ist die Pränataldiagnostik nunmehr durch ein formelles Gesetz geregelt. Im Hinblick auf die Auslegung der Regelung des § 25 Abs. 1 Nr. 3 i.V.m. § 15 Abs. 1 S. 1 GenDG, die gezeigt hat, dass vorgeburtliche genetische Untersuchungen nur in Ausnahmefällen unzulässig sind, ist die Verantwortlichkeit des Staates für etwaige Gefährdungen zu hinterfragen.

Die Zurechnung der grundrechtsrelevanten Handlungen entscheidet darüber, ob das Grundrecht in seiner abwehrrechtlichen Funktion oder in seiner Schutzpflichtfunktion betroffen ist.

---

359 So auch: *Schmidt*, Rechtliche Aspekte der Genomanalyse, S. 111 und 116 f; *Ferdinand*, Pränatal- und Präimplantationsdiagnostik aus verfassungsrechtlicher Sicht, S. 118.

a) *Die Verantwortlichkeit des Staates*

Art. 2 Abs. 2 S. 1 GG wäre in seiner abwehrrechtlichen Funktion betroffen, wenn die umfangreiche gesetzliche Freigabe der Pränataldiagnostik durch § 15 Abs. 1 S. 1 GenDG einen staatlichen Eingriff darstellen würde. Die Überlegung, dass die benannten Grundrechtsgefährdungen möglicherweise im Ergebnis als staatlicher Eingriff anzusehen sind, ergibt sich daraus, dass auch mittelbare und faktische Folgen staatlichen Handelns als vom Eingriffsbegriff erfasst angesehen werden.[360] Kommt die Untersuchung hingegen zum Ergebnis, dass die grundrechtsrelevanten Handlungen ausschließlich privater Verantwortlichkeit zuzurechnen sind, wäre Art. 2 Abs. 2 S. 1 GG in seiner Schutzpflichtfunktion betroffen. Das „diffuse Verhältnis von Schutzpflicht, Mitverantwortung und Eingriff"[361] führt zu nicht unerheblichen Abgrenzungsschwierigkeiten.[362]

In Anlehnung an bekannte Zurechnungskriterien des einfachen Rechts wird von einer rein staatlichen Verantwortlichkeit ausgegangen, wenn die staatliche Maßnahme adäquat kausal für die Rechtsgutsverletzung ist.[363]

Überprüft man nunmehr die vorliegende Konstellation im Hinblick auf Kausalitätserwägungen, kann zunächst konstatiert werden, dass der Gesetzgeber die Gefahr nicht originär verursacht hat. Denn vor dem Erlass des GenDG bestand keinerlei Regelung, die Vornahme der Pränataldiagnostik durch Private war mithin grundsätzlich erlaubt. Die Regelung enthält auch kein Gebot, Pränataldiagnostik vorzunehmen. Würde man sich nun die Gesamtregelung der Pränataldiagnostik im GenDG hinwegdenken, würde die Gefährdung nicht entfallen.

Etwas Anderes ergibt sich auch nicht, wenn man die Teilregelungen betrachtet. Denn die Analyse der Normstruktur des § 25 Abs. 1 Nr. 3 i.V.m. § 15 Abs. 1 S. 1 GenDG hat zum einen gezeigt, dass beide Einzelregelungen nur gemeinsam einen vollständigen Rechtssatz bilden.[364] Wenn man nunmehr den Erlaubnistatbestand[365] des § 15 Abs. 1 GenDG hinwegdenken würde, würde dadurch die Gefährdung nicht entfallen. Denn aus § 25 Abs. 1 Nr. 3 GenDG allein kann nicht abgeleitet werden, dass alle Untersuchungen zu den nicht genannten Zwecken

---

360 *Lorenz* in: BK GG, Art. 2 Abs. 2 S. 1, Rn. 468, m.w.N; *Schulze-Fielitz* in: Dreier GG, Art. 2 II, Rn. 42.

361 *Hermes*, Das Grundrecht auf Schutz von Leben und Gesundheit, S. 219.

362 Dazu auch *Szczekalla*, Die sogenannte grundrechtliche Schutzpflicht im deutschen und europäischen Recht, S. 94 ff.

363 *Lorenz* in: BK GG, Art. 2 Abs. 2 S. 1, Rn. 468.

364 Dazu bereits: 2. Kapitel, A. II. 3. a).

365 Gemeint ist hier ein allgemeines Verständnis des Begriffs, nicht hingegen ein Verständnis im Sinne eines Rechtfertigungsgrundes.

verboten sind, da sich der Regelungsgehalt erst durch die Verbindung der beiden Teilregelungen ergibt.

Eine gegenteilige Annahme würde auch dem Willen des Gesetzgebers konterkarieren. Dieser wollte gerade kein umfassendes Verbot ohne die Erlaubnistatbestände statuieren. Denn aus der Gesetzesbegründung ergibt sich, dass lediglich eine Begrenzung jener Untersuchungen für erforderlich erachtet wird, die nicht von § 15 GenDG erfasst sind.[366]

Ein grundsätzliches Verbot vorgeburtlicher genetischer Untersuchungen kann dem § 25 Abs. 1 Nr. 3 GenDG nicht entnommen werden, weil das Verbot nur unter Rückgriff auf § 15 Abs. 1 S. 1 GenDG auszulegen ist und eine Reduktion dem Willen des Gesetzgebers widerspräche.

Es kann also nicht davon ausgegangen werden, dass die Gefährdung entfiele, wenn man sich den Tatbestand des § 15 Abs. 1 S. 1 GenDG hinwegdenken würde. Denn ohne ihn wäre das Verbot inhaltslos.

Mithin entfällt schon die äquivalente Kausalität mit der Folge, dass die Gefährdung jedenfalls nicht originär der Legislative zuzuordnen ist. Im Umkehrschluss geht die Gefährdung also von Dritten aus.

Für den Fall, dass Grundrechtsbeeinträchtigungen von Dritten ausgehen, wird eine Zurechnung und damit ein staatlicher Eingriff jedenfalls dann abgelehnt, wenn der Hoheitsträger die Beeinträchtigung lediglich ermöglicht, nicht aber final gefördert hat.[367]

Eine Verantwortlichkeit des Staates für Handlungen Dritter käme aber von vornherein nicht in Betracht, wenn dieser auf die Verwirklichung der Gefahr keinen Einfluss hätte. So wurde etwa die Zustimmung zur Stationierung von Mittelstreckenwaffen der UdSSR deshalb nicht als Eingriff angesehen, weil sich die von den Waffen ausgehende Gefahr unabhängig von deren Standort der Einflussnahme des Staates entzögen, die Zustimmung mithin nicht „wesentliche Ursache" der Gefahr sei.[368]

Die in dieser Arbeit zu untersuchende Gefahrenlage entzieht sich allerdings nicht dem Einfluss des Staates. So würde etwa ein absolutes Verbot vorgeburtlicher genetischer Untersuchungen zum einen das Abortrisiko entfallen lassen und darüber hinaus zumindest die Verwirklichung der Abtreibungsgefahr aufgrund einer bestimmten genetischen Eigenschaft verhindern.

366 BT-Drucks. 16/10532 S. 41.

367 *Schulze-Fielitz*, Dreier GG, Art. 2 II, Rn. 42, m.w.N.

368 BVerfGE 66, 39 (63).

Die für eine Zurechnung zum Teil geforderte finale staatliche Förderung privater Gefährdungen,[369] wird man wohl aber unter erneutem Verweis auf Normstruktur und unter Beachtung des Willens des Gesetzgebers ablehnen müssen.

Entgegen der Forderung finaler staatlicher Förderungshandlungen wird jedoch vertreten, dass eine Zurechnung und damit ein staatlicher Eingriff anzunehmen sei, wenn eine staatliche Zustimmung zu grundrechtsbeeinträchtigenden Handlungen Dritter gegeben werde.[370] Eine solche wird beispielsweise angenommen, wenn eine Baugenehmigung für ein fremdes Grundstück erteilt wird, obgleich die reale Beeinträchtigung des Eigentums erst durch den Privaten erfolgt.[371] Dies wird insbesondere damit begründet, dass die Genehmigung (bzw. der ungeregelte Zustand) auch eine Duldungspflicht enthalte.

Die vorliegende Konstellation unterscheidet sich jedoch von dem Beispiel der Baugenehmigung. Zum einen ist bei einer abstrakt generellen Erlaubnis durch Gesetz nicht das Maß an Verantwortlichkeit für den Einzelfall anzunehmen, wie bei einer konkret individuellen Erlaubnis durch Verwaltungsakt, womit freilich nicht gesagt ist, dass dieses Maß an Verantwortlichkeit nicht ausreichend ist. Zum anderen ist aber bei einer Beeinträchtigung durch eine Baugenehmigung durch Rücknahme derselben auch die Beeinträchtigung beseitigt (sofern der Rückbau der rechtswidrig gewordenen Bebauung durchgesetzt wird). Bei Nichtigkeit der Regelung der Pränataldiagnostik bleibt die Gefährdung jedoch bestehen, da dann – das haben die Ausführungen zur Untrennbarkeit der Regelungen des § 25 Abs. 1 Nr. 3 und § 15 Abs. 1 S. 1 GenDG gezeigt – gar keine Regelung mehr bestehen würde. Auch bei einer Unvereinbarerklärung wären Gefährdungen weiterhin möglich, da die gegenwärtige Regelung vorgeburtliche genetische Untersuchungen in erheblichem Umfang erlaubt.

Damit kristallisiert sich das entscheidende Kriterium für die Zurechnung privaten Handelns heraus. Die private Gefährdung ist nur dann dem Staat als eigener Eingriff zuzurechnen, wenn allein die Unterlassung der staatlichen Maßnahme die Gefährdung beseitigen würde.[372] Dies ergibt sich aus der abwehrrechtlichen – also dem status negativus angehörenden Funktion des Rechts auf Leben. Denn in eben jener Funktion ist das Recht auf Leben ausschließlich auf ein Unterlassen oder Beseitigen staatlicher Maßnahmen gerichtet.[373] Davon unbenommen sind Rechte und Pflichten, die sich aus anderen Funktionen des Art. 2 Abs. 2 S. 1 GG,

---

369 *Schulze-Fielitz*, Dreier GG, Art. 2 II, Rn. 45.

370 *Schwabe*, NVwZ 1983, 523 (524).

371 *Schwabe*, NVwZ 1983, 523 (524).

372 *Hermes*, Das Grundrecht auf Schutz von Leben und Gesundheit, S. 82.

373 *Pieroth/Schlink/Kingreen/Poscher*, Grundrechte, Rn. 81.

insbesondere der Schutzpflichtfunktion, ergeben, die aber an anderer Stelle zu untersuchen sind. Im Hinblick auf die Problematik um die Duldungspflicht durch (ausdrückliche oder ungeregelte) Erlaubnis soll schließlich nur noch darauf hingewiesen werden, dass der Gedanke in der Konsequenz dazu führen würde, dass jegliches private Handeln dem Staat zuzurechnen wäre. Die vorliegende Konstellation verdeutlicht aber sehr anschaulich eine Schwäche dieses Ansatzes.[374]

Es lässt sich nach alledem festhalten, dass die gesetzliche Regelung der Pränataldiagnostik in § 25 Abs. 1 Nr. 3 i.V.m. § 15 Abs. 1 S. 1 GenDG keinen Eingriff darstellt, weil ein Unterlassen der Regelung die Beeinträchtigung nicht entfallen ließe. Abwehrrechte sind indes ausschließlich auf ein Unterlassen des Staates gerichtet.

b) Private Verantwortlichkeit

Die Verantwortlichkeit für die beeinträchtigungsgleichen Gefährdungen durch die Pränataldiagnostik kann nach den vorstehenden Erwägungen ausschließlich Privaten zuzurechnen sein. Dies hat zur Folge, dass Art. 2 Abs. 2 S. 1 GG lediglich in seiner Schutzpflichtfunktion betroffen sein kann. Die Schutzpflicht gebietet dem Staat, das Recht auf Leben zu schützen und zu fördern.[375] Der Tatbestand einer Schutzpflicht setzt voraus, dass der Schutzbereich eröffnet ist und eine Beeinträchtigung vorliegt.[376]

Die Reichweite des jeweiligen Abwehrrechts ist in personeller Hinsicht gleichlaufend mit der Reichweite der Schutzpflicht.[377] Die Schutzplicht zu Art. 2 Abs. 2 S. 1 entfaltet sich folglich nur zu Gunsten des Trägers eines Grundrechts.[378] Die Schutzpflicht kommt also auch Ungeborenen ab dem Zeitpunkt der Kernverschmelzung zugute.

Auch hinsichtlich der Grundrechtsbeeinträchtigung ergeben sich keine Unterschiede zu dem bereits Gesagten. Eine staatliche Schutzpflicht kommt insbesondere in Betracht, wenn das grundrechtlich geschützte Gut von privater Seite bedroht ist.[379] Zwar sieht sich der zum präventiven Handeln angehaltene Gesetzgeber nunmehr mit der Situation konfrontiert, entscheiden zu müssen, ab

---

374 Weitere Zweifel äußert: *Isensee* in: Isensee/Kirchhof, HStR Bd. IX, § 191 Rn. 258.

375 Dazu bereits ausführlich: 3. Kapitel, B.

376 *Szczekalla*, Die sogenannte grundrechtliche Schutzpflicht im deutschen und europäischen Recht, S. 171.

377 *Isensee* in: Isensee/Kirchhof, HStR Bd. IX, § 191 Rn. 222; *Jaeckel*, Schutzpflichten im deutschen und europäischen Recht, S. 62.

378 *Geiger/von Lampe*, Jura 1994, 20 (21).

379 Vgl. *Isensee* in: Isensee/Kirchhof, HStR Bd. V (2. Aufl.), § 111 Rn. 1 ff.

welchem „Gefahrenniveau“ er zum Tätigwerden verpflichtet ist.[380] Die Kriterien für diese „Schwelle“ sind jedoch die gleichen wie bei der oben erörterten Frage, bei welchem Gefahrenniveau von einer relevanten Gefährdung auszugehen ist. Es ist also anzunehmen, dass zumindest das Recht auf Leben im Sinne des Art. 2 Abs. 2 S. 1 GG betreffend nahezu jede Gefahr die Schutzpflicht des Staates auslöst. Der Grad der Wahrscheinlichkeit kann allerdings bei der Umsetzung der Schutzpflicht Berücksichtigung finden.[381]

Bisweilen wird gefordert, dass die Beeinträchtigung schon auf Tatbestandsebene rechtswidrig sein muss. Diese Voraussetzung folgt für Gefährdungen des Lebens jedenfalls aus dem verfassungsrechtlichen Gewaltverbot.[382]

III. Entgegenstehende Rechte

Nach der Rechtsprechung des Bundesverfassungsgerichts „muß der Staat, um seiner Schutzpflicht für das ungeborene Leben zu genügen, ausreichende Maßnahmen normativer und tatsächlicher Art ergreifen, die dazu führen, daß ein – unter Berücksichtigung entgegenstehender Rechtsgüter – angemessener und als solcher wirksamer Schutz erreicht wird.“[383] Bei der Erfüllung der Schutzpflicht ist also stets zu beachten, dass durch den Schutz des Einen in die Freiheit des Anderen eingegriffen wird. Die Grenze der Schutzpflicht wird demnach durch jene Rechte markiert und bedarf einer Abwägung, die an die Verhältnismäßigkeitsprüfung angelehnt ist.[384]

Es gilt also, die dem Lebensrecht des Ungeborenen entgegenstehenden Rechte aufzufinden und vergleichend gegenüberzustellen.

Dem Recht auf Leben stehen die Menschenwürdegarantie, die Fortpflanzungsfreiheit, das allgemeine Persönlichkeitsrecht und das Recht auf Leben und körperliche Unversehrtheit der Eltern bzw. der Mutter entgegen.

1. Die Menschenwürde

Die Schwangere ist Träger der Menschenwürde nach Art. 1 Abs. 1 GG. Fraglich ist nunmehr, ob dieser „höchste Rechtswert“[385] insbesondere ein Recht enthält, vorgeburtliche genetische Untersuchungen vorzunehmen, die auf die Abklärung

380 *Dietlein*, Die Lehre von den Grundrechtlichen Schutzpflichten, S. 105.
381 *Isensee* in: Isensee/Kirchhof, HStR Bd. IX, § 191 Rn. 238.
382 *Isensee* in: Isensee/Kirchhof, HStR Bd. IX, § 191 Rn. 226.
383 BVerfGE 88, 203 (261).
384 Vgl. *Hermes*, Das Grundrecht auf Schutz von Leben und Gesundheit, S. 253.
385 BVerfGE 48, 127 (163).

nicht therapierbarer Erkrankungen abzielen. Ohne auf die Schwierigkeiten hinsichtlich der Bestimmung des Schutzbereichs dieses Grundrechts einzugehen, soll lediglich die überwiegend anerkannte, von Günter Dürig[386] geprägte Objektformel zur Anwendung kommen. In ihrer vom Bundesverfassungsgericht verwendeten Ausformung ist die Menschenwürde „getroffen, wenn der konkrete Mensch zum Objekt, zu einem bloßen Mittel, zur vertretbaren Größe herabgewürdigt wird."[387]

Ernsthaft zu diskutieren wäre eine Verletzung der Menschenwürde der Mutter etwa, wenn diese gewissermaßen als „Gebärmaschine" behandelt würde. Dies wäre in Erwägung zu ziehen, wenn eine Austragungspflicht ohne Ausnahmen bestünde. Eine Ausnahme von der grundsätzlich von Verfassungs wegen bestehenden Austragungspflicht ist bei Unzumutbarkeit der Fortführung der Schwangerschaft anzunehmen.[388]

Ginge man nun von der wohl intensivsten legislativen Maßnahme in Form eines totalen Verbots vorgeburtlicher genetischer Untersuchungen aus, hätte dies keinerlei Auswirkung auf die grundsätzlich bestehende Möglichkeit des Schwangerschaftsabbruchs nach § 218a StGB. Lediglich die genetische Konstitution des Ungeborenen könnte sich nicht auf die Entscheidung über die Vornahme eines Schwangerschaftsabbruchs auswirken, da die Schwangere nicht wüsste, ob sie ein gesundes oder ein krankes Kind zur Welt bringen würde. Das geltende Recht zum Schwangerschaftsabbruch würde sich dadurch aber in keiner Weise ändern, da die genetische Konstitution des Ungeborenen ohnehin nicht als rechtfertigender Grund in Betracht kommt. Dies zeigt nicht nur die Streichung der embryopathischen Indikation, sondern auch das allgemein anerkannte Verständnis des § 218a Abs. 2 StGB, dass unmittelbar nur die Gesundheit der Mutter Anknüpfungspunkt für eine medizinischen Indikation sein kann.[389] Die genetische Ausstattung des Ungeborenen scheidet als Rechtfertigung von vornherein aus.[390] Das aus der besonderen Beziehung zwischen Mutter und Kind resultierende Kriterium der Unzumutbarkeit kann also allenfalls einen Schwangerschaftsabbruch wegen einer Gesundheitsgefährdung der Schwangeren begründen, nicht aber einen Schwangerschaftsabbruch aufgrund bestimmter genetischer Eigenschaften des Ungeborenen. Selbst ein Totalverbot vorgeburtlicher genetischer Untersuchungen hätte demnach keine Auswirkung auf die grundsätzlich bestehende

386 *Dürig*, AöR 1956, 117 (127).
387 BVerfGE 9, 89 (95); 27, 1 (6); 28, 386 (391); 45, 187 (228); 50, 166 (175); 87, 209 (228).
388 Zum Unzumutbarkeitskriterium: BVerfGE 39, 1 (48 ff.); 88, 203 (255 ff.).
389 *Fischer*, in: Fischer StGB, § 218a, Rn. 21, m. w. N.
390 *Hillenkamp* in: FS Amelung 2009, 425 (446).

rechtliche Austragungspflicht. Lediglich die Handhabung der Regelung in der Praxis würde sich ändern, da ein mittelbares Anknüpfen an die genetischen Eigenschaften ausgeschlossen wäre. Die Schwangere könnte zwar nicht mehr ihre antizipierte psychische Gesundheit wegen einer Behinderung vorbringen, wohl aber die psychischen Folgen der Ungewissheit geltend machen. Dies würde auch die vielkritisierte Inkonsistenz der gegenwärtigen Regelung zum Schwangerschaftsabbruch beheben, die wegen der Aufhebung der embryopathischen Indikation aus ethischen Gründen und gleichzeitiger Ermöglichung derselben im Gewand der medizinischen Indikation angenommen wird.

Jedenfalls würde selbst ein Totalverbot die Unzumutbarkeit als Ausnahme von der Austragungspflicht nicht entfallen lassen. Eine Verletzung der Menschenwürde wäre demnach nicht anzunehmen.[391] Der Umfang der bestehenden Schutzpflicht zugunsten des ungeborenen Lebens bemisst sich demnach nicht an der Menschenwürde der Mutter.

2. Die Fortpflanzungsfreiheit der Eltern

Fraglich ist des Weiteren, ob die Fortpflanzungsfreiheit ein Recht der Eltern umfasst, zu wissen, welche genetische Ausstattung das Ungeborene hat.[392] Doch schon die Herleitung der Fortpflanzungsfreiheit ist umstritten. Zum einen wird im verfassungsrechtlichen Schrifttum für eine Herleitung aus Art. 6 Abs. 1 GG plädiert.[393] Zum anderen wird auf das allgemeine Persönlichkeitsrecht als Grundlage abgestellt.[394] Beide Ansätze werden teilweise kombiniert.[395] Eine Einordnung durch das Bundesverfassungsgericht ist bislang noch nicht erfolgt.

Würde man die Fortpflanzungsfreiheit allein aus Art. 6 Abs. 1 GG ableiten, würden jedenfalls alle Fälle, die nicht in Verbindung mit der Gründung einer Familie stünden aus dem Anwendungsbereich herausfallen, da der Begriff der Familie hierbei den zentralen Anknüpfungspunkt darstellt. Dabei ist anzumerken, dass der Begriff der Familie nicht nur die klassische Dreierbeziehung zwischen

---

391 So im Ergebnis auch für ein Verbot der PID: *Middel*, Verfassungsrechtliche Fragen der PID, S. 75 f.

392 So etwa angenommen von: *Hufen*, MedR 2001, 440 (443); *ders.*, Zur verfassungsrechtlichen Beurteilung frühzeitiger pränataler Diagnostik (Rechtsgutachten), S. 25 f.

393 *Müller-Terpitz* in: Spickhoff, Medizinrecht, Art. 6, Rn. 2, m.w.N.

394 BFH NJW 1998, 854 (855); *Gassner* et al., Fortpflanzungsmedizingesetz, Augsburg-Münchener-Entwurf, S. 31; *Beckmann*, MedR 2001, 169, (172).

395 *Reinke*, Fortpflanzungsfreiheit und das Verbot der Fremdeizellspende, S. 190, m.w.N.

Mutter, Vater und Kind, sondern auch die Beziehung nur eines Elternteils zum Kind umfasst.[396]

Die Fortpflanzungsfreiheit schützt – unabhängig von ihrer Grundlage – nach allgemeiner Ansicht in ihrer abwehrrechtlichen Dimension vor staatlichen Eingriffen in die natürliche Fortpflanzung.[397] Auch die assistierte Reproduktion ist vom Schutzbereich erfasst.[398] Damit ist nicht nur das „Ob“ der Fortpflanzung, als Entscheidung darüber, überhaupt Nachwuchs zu bekommen, sondern auch das „Wie“, auf natürlichem oder künstlichem Wege, von der Fortpflanzungsfreiheit geschützt. Teilweise wird die Fortpflanzungsfreiheit gleichfalls als negative Freiheit, also als Freiheit keinen Nachwuchs zu bekommen verstanden.[399] Als Ausübung dieser negativen Freiheit wird bisweilen auch der Schwangerschaftsabbruch angesehen.[400] Im Rahmen der negativen Fortpflanzungsfreiheit wird zwischen der Freiheit, die Befruchtung zu verhindern und der Freiheit, die Schwangerschaft zu unterbrechen, unterschieden.[401] Auf die Verhinderung der Befruchtung soll nicht weiter eingegangen werden, da nach der hier vertretenen Auffassung die Verhinderung der Befruchtung im Hinblick auf Art. 2 Abs. 2 S. 1 GG unbedenklich ist. Zu der letztgenannten Ausformung der negativen Fortpflanzungsfreiheit wird schließlich vereinzelt auch ein Recht auf eine informierte Schwangerschaft gezählt, da bestimmte Informationen für einen Schwangerschaftsabbruch besonders bedeutsam seien.[402]

Wenn man nun die Fortpflanzungsfreiheit auf Art. 6 Abs. 1 GG stützt, kann zumindest die negative Fortpflanzungsfreiheit nicht von Art. 6 Abs. 1 GG erfasst sein, da bei der Entscheidung, kein Kind zu bekommen eben keinerlei familiäre Beziehung zu irgend jemandem besteht. Nichts anderes kann auch für eine schon bestehende Schwangerschaft und die Auflösung der Beziehung zwischen Mutter und Kind gelten.

Ohne den Streit um die verfassungsrechtliche Herleitung und den Schutzbereich der Fortpflanzungsfreiheit umfänglich zu entscheiden, kann festgehalten

---

396 *Schächinger*, Menschenwürde und Menschheitswürde, S. 138.

397 *Hardegen* in: Maunz/Dürig GG, Art. 1 I, Rn. 100; *Müller-Terpitz* in: Spickhoff, Medizinrecht, Art. 6, Rn. 3; *Ramm*, JZ 1998, 861 (874).

398 *Müller-Terpitz* in: Spickhoff, Medizinrecht, Art. 6, Rn. 5; *Schächinger*, Menschenwürde und Menschheitswürde, S. 137, m.w.N.

399 *Ramm*, JZ 1998, 861 (864 ff.).

400 *Reinke*, Fortpflanzungsfreiheit und das Verbot der Fremdeizellspende, S. 193.

401 *Ramm*, JZ 1998, 861 (864).

402 So wohl: *Hufen*, Zur verfassungsrechtlichen Beurteilung frühzeitiger pränataler Diagnostik (Rechtsgutachten), S. 25.

werden, dass jedenfalls die negative Fortpflanzungsfreiheit allenfalls aus dem allgemeinen Persönlichkeitsrecht hergeleitet werden kann.[403] Dabei könnte die Lebensgestaltung und die Relevanz von Informationen über die genetische Konstitution des Ungeborenen für dieselbe im Vordergrund stehen. Man könnte auch der Auffassung sein, dass diejenigen Fälle, die durch das Raster des Art. 6 I GG fielen, vom allgemeinen Persönlichkeitsrecht aufgefangen würden.[404] In der Sache macht dies freilich keinen Unterschied.

3. *Das allgemeine Persönlichkeitsrecht der Eltern*

Der Umfang der Schutzpflicht aus Art. 2 Abs. 2 S. 1 GG zugunsten des Ungeborenen könnte durch das allgemeine Persönlichkeitsrecht der Eltern begrenzt sein. Fraglich ist weiterhin, ob dieses die negative Fortpflanzungsfreiheit und ein dazugehöriges oder eigenständiges Recht auf Wissen genetischer Faktoren des Ungeborenen erfasst.[405]

Die Verankerung des allgemeinen Persönlichkeitsrechts in Art. 2 Abs. 1 i.V.m. Art. 1 Abs. 1 GG ist allgemeiner Konsens.[406] Art. 2 Abs. 1 GG erfasst nicht nur die – als Grundlage aller Freiheitsrechte bezeichnete – allgemeine Handlungsfreiheit, sondern ist auch Grundnorm des allgemeinen Persönlichkeitsrechts.[407] Das allgemeine Persönlichkeitsrecht ist deshalb grundsätzlich Einschränkungen zugänglich. Die Verbindung zu Art. 1 Abs. 1 GG führt allenfalls zu der Annahme eines uneinschränkbaren Kerns.[408]

Nach dem Bundesverfassungsgericht schützt das allgemeine Persönlichkeitsrecht „Elemente der Persönlichkeit, die nicht schon Gegenstand der besonderen Freiheitsgarantien des Grundgesetzes sind, diesen aber in ihrer konstituierenden Bedeutung für die Persönlichkeit nicht nachstehen."[409] Es soll den Schutz der „engeren persönlichen Lebenssphäre"[410] und der „autonomen Selbstentfaltung"[411]

---

403 Vgl. *Schächinger*, Menschenwürde und Menschheitswürde, S. 138.

404 *Müller-Terpitz* in: Spickhoff, Medizinrecht, Art. 6, Rn. 2.

405 So ohne Begründung behauptet von *Schroth* in: Roxin/Schroth Handbuch des Medizinstrafrechts, S. 530 (549).

406 *Di Fabio* in: Maunz/Dürig GG, Art. 2, Rn. 128 mit umfassenden Nachweisen.

407 *Dreier* in: Dreier GG, Art. 2 I, Rn. 10.

408 *Jarass* in: Jarass/Pieroth GG, Art. 2, Rn. 36.

409 BVerfGE 118, 168 (183).

410 BVerfGE 54, 148 (153).

411 *Dreier* in: Dreier GG, Art. 2 I, Rn. 70; auch erfasst ist die nach außen gerichtete Selbstdarstellung.

gewährleisten. Zu diesem Bereich wird auch die Lebensgestaltung im Zusammenhang mit einem Kinderwunsch gezählt.[412] Auch sei ein Verfügungsrecht über den eigenen Körper vom Gewährleistungsgehalt des allgemeinen Persönlichkeitsrechts erfasst. Dieses körperliche oder bioethische Selbstbestimmungsrecht wird zum Teil zusätzlich auf Art. 2 Abs. 2 GG gestützt.[413]

Zu hinterfragen wäre nunmehr, ob ein Verbot vorgeburtlicher genetischer Untersuchungen die Mutter in ihrer Selbstbestimmung über ihren Körper und in ihrer Lebensgestaltung, den Vater zumindest in seiner Lebensgestaltung tangieren würde. Im Rahmen der Diskussion um den Schwangerschaftsabbruch steht zwar das Persönlichkeitsrecht der Mutter im Fokus. Relevanz entfaltet vorliegend allerdings das Persönlichkeitsrecht beider Elternteile. Denn wenn man den Aspekt der Lebensplanung betrachtet, muss berücksichtigt werden, dass die Pflicht zur Pflege und Erziehung des Kindes nach Art. 6 Abs. 2 GG und gemäß § 1626 BGB den Eltern zukommt. Zwar gelten gemäß § 1626a BGB für nicht miteinander verheiratete Eltern Ausnahmen. Die gemeinschaftliche elterliche Sorge ist jedoch der gesetzliche Regelfall.

a) Körpersphäre

Ein Recht auf Wissen der genetischen Eigenschaften des Ungeborenen kann dem Schutzbereich des körperlichen Selbstbestimmungsrechts der Mutter nicht zugeordnet werden. Denn dem Ungeborenen wird nach richtiger Ansicht sowohl eine eigenständige biologische als auch verfassungsrechtliche Subjektstellung eingeräumt.[414] Im Rahmen der Ausführungen zur Grundrechtsträgerschaft des Ungeborenen wurde dies bereits hinreichend verdeutlicht. Das Selbstbestimmungsrecht endet indessen dort wo Fremdbestimmung beginnt.[415]

Im Hinblick auf den Test auf fetale DNS im mütterlichen Blut ergibt sich, dass zwar das Blut als Grundsubstanz des Untersuchungsmaterials der Köpersubstanz der Mutter zuzuordnen ist, der spezifische Untersuchungsgegenstand, die fetale DNS, entstammt gleichwohl der Körpersphäre des Ungeborenen. Ziel der

---

412 *Middel*, Verfassungsrechtliche Fragen der PID, S. 57 f.

413 *Di Fabio* in: Maunz/Dürig GG, Art. 2, Rn. 204; *Hillmer*, Patientenstatus und Rechtsstatus von Frau und Fötus im Entwicklungsprozeß der Pränatalmedizin, S. 232, m.w.N.

414 So auch *Ferdinand*, Pränatal- und Präimplantationsdiagnostik aus verfassungsrechtlicher Sicht, S. 161.

415 *Isensee*, Der grundrechtliche Status des Embryos, in: Höffe/Honnefelder/Isensee/Kirchhof, Gentechnik und Menschenwürde, S. 37 (50); so auch *Igl* in: Bäcker/Heinze, Soziale Gerontologie in gesellschaftlicher Verantwortung, S. 176.

Analyse sind nicht die genetischen Eigenschaften der Mutter, sondern die des Ungeborenen. Das körperliche Selbstbestimmungsrecht der Mutter ist also auch insoweit nicht betroffen.

b) Private Lebensgestaltung

Ein etwaiges Verbot vorgeburtlicher genetischer Untersuchungen könnte die Eltern allerdings in ihrem Persönlichkeitsrecht beeinträchtigen, wenn der Aspekt der selbstbestimmten Lebensgestaltung ein Recht umfassen würde, dieselbe an genetischen Informationen des Ungeborenen auszurichten. Dies wird bisweilen angenommen, weil eine normabweichende genetische Konstitution des Ungeborenen wegen des wirtschaftlichen und persönlichen Mehraufwands, mit den daraus resultierenden Folgen etwa für die beruflichen Ziele, erhebliche Auswirkungen auf die Lebensgestaltung der Eltern habe. Die genetische Konstitution des Ungeborenen sei Vorbedingung für eine selbstbestimmte Entscheidung.[416] Dass die Eltern dieses Recht haben sei „selbstverständlich"[417]. Der Mutter sei nicht zumutbar, ihre Freiheit für jemand anderen über Jahre aufzugeben.[418]

Auch die Debatte um diesen Aspekt des Persönlichkeitsrechts zeichnet sich dadurch aus, dass Argumente aus dem Kontext des Schwangerschaftsabbruchs und der Präimplantationsdiagnostik vermischt und übertragen werden. Sie zu ordnen und auf den vorliegenden Kontext anzuwenden, bereitet einige Schwierigkeiten.

Problematisch ist schon der Umfang des Schutzbereichs. Eine in der Literatur häufig verwendete Formel des Bundesverfassungsgerichts besagt, dass der Schutzbereich weit zu fassen sei, also die Auslegung zu wählen sei, welche die „juristische Wirkungskraft der Grundrechtsnorm am stärksten entfaltet"[419]. In bestimmten Fällen sei der Schutzbereich hingegen zu begrenzen, um einer ausufernden Tendenz entgegenzuwirken.[420] „Die apriorische Grenze jedweder grundrechtlichen Freiheit ist das Verbot des gewaltsamen Übergriffs auf andere Grundrechtssubjekte [...]"[421]. Dieses Spannungsverhältnis ist bei der Bestimmung des Schutzbereichs im Besonderen zu berücksichtigen.

Wie gesehen ist das Recht auf Leben des Ungeborenen durch jene Untersuchungen betroffen, die das Risiko eines Schwangerschaftsabbruchs erhöhen.

---

416 *Middel*, Verfassungsrechtliche Fragen der PID, S. 58.
417 *Hufen*, MedR 2001, 440 (443).
418 *Lübbe*, MedR 2003, 148, 150.
419 BVerfGE 6, 55 (72); 32, 54 (71); 39, 1 (38); 51, 97 (110).
420 Vgl. dazu ausführlich *Hillgruber* in: Isensee/Kirchhof, HStR Bd. IX, § 200 Rn. 18 ff.
421 *Isensee*, NJW 1986, 1645 (1646).

Der Schwangerschaftsabbruch selbst überschreitet die genannte Grenze des allgemeinen Persönlichkeitsrechts. Dies hat schon das Bundesverfassungsgericht festgestellt.[422] Für ein Herausfallen auch der vorgeburtlichen genetischen Untersuchungen aus dem Schutzbereich spricht, dass der Gesetzgeber durch die Neufassung der §§ 218 ff. StGB und Streichung der embryopathischen Indikation „deutlich gemacht [hat], dass es ein Recht der Eltern auf ein gesundes Kind grundsätzlich nicht" gibt.[423] Wenn man aber aus verfassungsrechtlichen Gründen die embryopathische Indikation abschafft,[424] liegt der Schluss nahe, dass die genetische Untersuchung als Grundlage derselben konsequenterweise ebenfalls zu untersagen ist. Umgekehrt wäre es bei Befürwortung einer strafbefreienden embryopathischen Indikation ebenso sinnwidrig, die genetische Untersuchung als Voraussetzung der Indikation zu untersagen.[425] Teilweise wird davon ausgegangen, dass insbesondere Untersuchungen, die auf nicht therapierbare genetische Erkrankungen gerichtet sind, „primär" der Selektion dienen.[426] Wenn man den Begriff der Selektion als Auswahl bestimmter genetischer Faktoren versteht, muss dieser Ansicht unter Verweis auf die extrem hohe Abbruchrate nach der pränatalen Diagnose einer Trisomie 21 beigepflichtet werden. Demgemäß sind zumindest von vornherein auf den Schwangerschaftsabbruch ausgerichtete vorgeburtliche genetische Untersuchungen nicht vom Selbstbestimmungsrecht der Eltern erfasst.[427] Das allgemeine Persönlichkeitsrecht erfasst demnach jedenfalls kein Recht auf Selektion oder „ein Kind nach Wunsch („Design-Baby")."[428] Vielmehr verbietet die Verfassung – insbesondere wegen ihrer Historie – selektive Tendenzen; das ist im Rahmen der Ausführungen zum Recht auf Leben hinreichend deutlich geworden.[429]

Andererseits können dieselben Untersuchungen auch zur Vorbereitung auf ein Leben mit einem Kind mit entsprechenden genetischen Merkmalen genutzt

---

422 So schon: BVerfGE 39, 1 (43).

423 OLG Düsseldorf, NJOZ 2002, 1292.

424 So geschehen durch das SFHÄndG vom 21. August 1995, BGBl. I S. 1050.

425 *Schmidt*, Rechtliche Aspekte der Genomanalyse, S. 164 f.

426 *Gärditz*, Gutachtliche Stellungnahme zur Zulässigkeit des Diagnoseprodukts „PraenaTest", S. 18.

427 *Ferdinand*, Pränatal- und Präimplantationsdiagnostik aus verfassungsrechtlicher Sicht, S. 163 ff; *Schmidt*, Rechtliche Aspekte der Genomanalyse, S. 162 ff; a.A. *Hillmer*, Patientenstatus und Rechtsstatus von Frau und Fötus im Entwicklungsprozeß der Pränatalmedizin, S. 245 ff.

428 *Isensee*, Der grundrechtliche Status des Embryos, in: Höffe/Honnefelder/Isensee/Kirchhof, Gentechnik und Menschenwürde, S. 37 (76 f).

429 Siehe: 3. Kapitel, C. I. 2. d).

werden.[430] Es darf also nicht missachtet werden, dass nicht jede Pränataldiagnostik von vornherein ausschließlich darauf gerichtet ist, bei positivem Befund die Schwangerschaft abzubrechen. Die Beweggründe für die Vornahme einer vorgeburtlichen genetischen Untersuchung sind vielfältig und können sich kurzfristig ändern. Aufgrund der Ambivalenz der Pränataldiagnostik wäre es also zu pauschal, das gesamte Verfahren aus dem Schutzbereich des allgemeinen Persönlichkeitsrechts auszuklammern.[431] Denn es bildet nicht zwangsläufig die Grundlage für einen gewaltsamen Übergriff auf andere Grundrechtssubjekte und fällt somit nicht von vornherein aus dem Schutzbereich heraus. Vorgeburtliche genetische Untersuchungen, die im Interesse des Ungeborenen vorgenommen werden, sind hingegen wohl vom allgemeinen Persönlichkeitsrecht erfasst, da die oben beschriebene Grenze des Übergriffs auf andere Grundrechtssubjekte nicht überschritten wäre, wenn die hypothetische Einwilligung die Beeinträchtigung entfallen ließe. Von einer derartigen Untersuchung ist insbesondere auszugehen, wenn dieselbe der Diagnose behandelbarer Erkrankungen dient.

Wenn man nun also annimmt, dass das allgemeine Persönlichkeitsrecht der Eltern durch ein Verbot der Pränataldiagnostik insoweit betroffen ist, muss dies zu dem Recht auf Leben des Ungeborenen ins Verhältnis gesetzt werden, um den Umfang der Schutzpflicht bestimmen zu können. Zunächst ist der Schutz des ungeborenen Lebens ein legitimer Zweck für ein etwaiges Verbot vorgeburtlicher genetischer Untersuchungen. Es sind auch keine durchschlagenden Argumente ersichtlich, die die Geeignetheit eines gesetzlichen Verbots in Frage stellen würden. Insbesondere der Hinweis auf die Möglichkeit der Vornahme jener Untersuchungen im Ausland kann offenkundig nicht überzeugen, da die Regelungswirkung einer deutschen Vorschrift nur unwesentlich von diesem Umstand beeinflusst wird. Ein milderes Mittel, etwa in Form von Beratungsmodellen, ist vor dem Hintergrund der dargelegten Zahlen nicht in gleicher Weise geeignet ungeborenes Leben zu schützen.

Bei der Abwägung des Schutzes ungeborenen Lebens mit dem allgemeinen Persönlichkeitsrecht, kann als Abwägungsgegenstand auf Seiten der Eltern einzig der Umstand Wirkung entfalten, dass eine vorgeburtliche genetische Untersuchung die Vorbereitung auf ein Leben mit einem behinderten Kind begünstigen kann und dadurch die Lebensgestaltung betrifft. Denn der Gedanke, dass die bloße

430 Dieser Aspekt wird bisweilen auch auf Art. 6 Abs. 2 GG gestützt, vgl. dazu *Grabsch*, Die Strafbarkeit der Offenbarung höchstpersönlicher Daten des ungeborenen Menschen, S. 171 ff.

431 Ähnlich *Grabsch*, Die Strafbarkeit der Offenbarung höchstpersönlicher Daten des ungeborenen Menschen, S. 173.

Existenz des Kindes beim Vorliegen bestimmter genetischer Eigenschaften die vom allgemeinen Persönlichkeitsrecht erfasste selbstbestimmte Lebensgestaltung beeinträchtige, kann aus den genannten Gründen nicht mit in die Abwägung einfließen. Einem absoluten Verbot vorgeburtlicher genetischer Untersuchungen zum Schutze des ungeborenen Lebens steht demnach zumindest der Gedanke der fehlenden Selektionsmöglichkeit nicht im Wege, da die Ermöglichung von Selektion keine verfassungsrechtlich geschützte Rechtsposition ist.

Von den Befürwortern der umfassenden Zulässigkeit der Pränataldiagnostik wird vorgebracht, dass Frauen in der heutigen Arbeitswelt schon durch ein gesundes Kind behindert genug wären.[432] Damit wird zum Ausdruck gebracht, dass die bestehenden gesellschaftlichen Nachteile für Frauen, nicht auch noch durch ein Verbot selektiver Pränataldiagnostik verstärkt werden sollten. Dem kann nunmehr entgegengebracht werden, dass zum einen von vornherein auf Selektion ausgerichtete Pränataldiagnostik nicht vom Selbstbestimmungsrecht erfasst ist. Von selektiver Pränataldiagnostik ist aber, das hat die bisherige Untersuchung gezeigt, immer dann auszugehen, wenn keine Heilungschancen für die zu untersuchende Erkrankung bestehen. Zum anderen ist dem entgegenzuhalten, dass die „Behinderung" eines normalen beruflichen Werdegangs der Mutter ganz offensichtlich keine noch so geringe Gefährdung des Lebens rechtfertigen würde. Ein erneuter Hinweis auf die Stellung des Rechts auf Leben als „Höchstwert" im Verfassungsgefüge und als „vitale Basis der Menschenwürde und die Voraussetzung aller anderen Grundrechte"[433] sollte diese Wertung verdeutlichen.

Darüber hinaus wäre die Einschränkung des Persönlichkeitsrechts jener Eltern, die auch positive Diagnosen nur zur Vorbereitung auf das Leben mit dem Kind nutzen würden, selbst bei einem Totalverbot nur von eingeschränkter Intensität. Insbesondere kommen mannigfaltige Möglichkeiten in Betracht, die vom allgemeinen Persönlichkeitsrecht erfasste selbstbestimmte Lebensgestaltung zu fördern, ohne zugleich ein umfassendes Recht auf Selektion einzuräumen. Zu denken ist etwa an die Gewährleistung von Betreuungshilfe und wirtschaftliche Förderungsmaßnahmen. Der dadurch entstehende insbesondere finanzielle Mehraufwand kann (auch in Zeiten „knapper Kassen"[434]) in Anbetracht der beteiligten Rechtsgüter kaum ins Gewicht fallen. Denn auf der anderen Seite besteht für das Ungeborene die Gefahr, durch Offenlegung der genetischen Konstitution getötet zu werden. Zwar ist diese Gefahr äußerst gering, da nur

---

432 *Beck-Gernsheim*, Soziale Welt 1996, 284 (291).

433 BVerfGE 39, 1 (42).

434 Vgl. *Mildenberger*, MedR 2002, 293 (300).

verhältnismäßig seltene genetische Dispositionen eine hohe Schwangerschaftsabbruchsquote bedingen. Für ein Überwiegen der Belange des Ungeborenen spricht aber der vielgenannte Umstand, dass eine Verletzung des Rechts auf Leben nicht rückgängig zu machen ist. Das Lebensrecht kann nicht vorübergehend oder partiell beeinträchtig werden. Eine sehr geringe Wahrscheinlichkeit der Realisierung der Gefahr des Todes wiegt mithin die genannten Beeinträchtigungen des allgemeinen Persönlichkeitsrechts der Eltern auf.

Schließlich lässt sich auch der vielfach vorgebrachte Effekt der Pränataldiagnostik für die Eltern, Unsicherheiten in Bezug auf den Gesundheitszustand des Kindes zu beseitigen[435], anhand des Gesagten verfassungsrechtlich einordnen. Bloße Unsicherheiten oder Sorgen sind von Grundrechten erst erfasst, wenn sie Auswirkungen auf das geschützte Grundrechtsgut haben. Haben die Unsicherheiten also Auswirkungen auf die selbstbestimmte Lebensgestaltung sind sie grundsätzlich vom allgemeinen Persönlichkeitsrecht erfasst. Entwickeln sich die Unsicherheiten zu einer psychischen Erkrankung (z.B. zu einer Depression) mit gesundheitsbeeinträchtigendem Ausmaß, sind sie vom Recht auf körperliche Unversehrtheit erfasst. Für das allgemeine Persönlichkeitsrecht gilt hierbei nichts Anderes als das bisher Gesagte.

Es kann nach alledem abschließend konstatiert werden, dass soweit die Belange der Eltern vom Schutzbereich des allgemeinen Persönlichkeitsrechts erfasst sind, von der Gefahr für das Leben des Ungeborenen überwogen werden. Gleichwohl können die Grundrechtsbeeinträchtigungen auf Seiten der Eltern bei der Umsetzung der Schutzpflicht berücksichtigt werden. Eine Regelung, die vorgeburtliche genetische Untersuchungen uneingeschränkt zuließe, würde dem Umfang der Schutzpflicht zugunsten des ungeborenen Lebens zumindest nicht gerecht werden. Ob die in § 15 GenDG vorgenommenen Einschränkungen diesen Anforderungen gerecht wird, bedarf einer gesonderten Betrachtung.

4. *Recht auf Leben und körperliche Unversehrtheit*

Ein Verbot vorgeburtlicher genetischer Untersuchungen könnte auch das Recht auf Leben und körperliche Unversehrtheit der Mutter beeinträchtigen. Neben der körperlichen Integrität ist auch das psychische Wohlbefinden vom Schutzbereich

435 Vgl. *Deutscher Ethikrat*, Die Zukunft der genetischen Diagnostik – von der Forschung in die klinische Anwendung, S. 129 (abrufbar unter: http://www.ethikrat.org/dateien/pdf/stellungnahme-zukunft-der-genetischen-diagnostik.pdf; letzter Zugriff 10.08.2016).

des Art. 2 Abs. 2 S. 1 GG erfasst.[436] Weil die körperliche Unversehrtheit nicht mit dem Gesundheitsbegriff der WHO gleichzusetzen ist, kann lediglich das soziale Wohlbefinden aus dem Schutzbereich des Art. 2 Abs. 2 S. 1 GG ausgenommen werden.[437] Während eine Beeinträchtigung der körperlichen Integrität lediglich bei der Schwangeren in Betracht zu ziehen ist, sind psychische Auswirkungen aufgrund der enormen emotionalen Belastung, in Zukunft ein Leben mit einem behinderten Kind und den damit verbundenen Einschränkungen führen zu müssen, bei beiden Elternteilen denkbar.[438] Psychische Auswirkungen mit Krankheitswert können freilich nicht schon mit dem Hinweis darauf ausgeschlossen werden, dass ohne das erst durch die Pränataldiagnostik erlangte Wissen um eine etwaige Behinderung keine diesbezüglichen Sorgen und Nöte entstünden. Denn auch das erzwungene Nichtwissen kann grundsätzlich eine vergleichbare Auswirkung auf die Psyche der Eltern haben.

Darüber hinaus wird vereinzelt angenommen, dass chromosomale Anomalien eine erhöhte Gefahr für die Gesundheit der Mutter bedeuten können. So sollen etwa die Trisomien 13 und 18 ein erhöhtes Risiko für eine Präeklampsie bergen.[439] Eine Präeklampsie ist eine während der Schwangerschaft auftretende Erkrankung, die durch erhöhten Blutdruck und Eiweißausscheidungen im Urin gekennzeichnet ist. Ohne eine Bestätigung speziell dieser Annahme ausmachen zu können, sind grundsätzlich durchaus Komplikationen denkbar, die durch chromosomale Anomalien bedingt sind. In Betracht kommt hier insbesondere eine Gerinnungsstörung durch einen intrauterinen Fruchttod.[440] Die Gefahr der Gesundheitsschädigung und der Gefahr des Todes müsste mit der Gefahr des Todes für das Ungeborene abgewogen werden. Die Schwierigkeit dieser Abwägung liegt auf der Hand.

Bei genauerer Betrachtung besteht das Abwägungsdilemma jedoch nur, wenn die Rechte der Mutter nicht auch durch ein anderes Instrument als der

---

436 *Di Fabio* in: Maunz/Dürig GG, Art. 2 Abs. 1 S. 1, Rn. 55; *Jarass* in: Jarass/Pieroth GG, Art. 2, Rn. 83; vgl. BVerfGE 56, 54 (75).

437 *Di Fabio* in: Maunz/Dürig GG, Art. 2 Abs. 1 S. 1, Rn. 57; so wohl auch BVerfGE 56, 54 (74); *Middel*, Verfassungsrechtliche Fragen der PID, S. 61 f. m. w. N.

438 Vgl. BVerfGE 88, 203 (256 f.); *Middel*, Verfassungsrechtliche Fragen der PID, S. 62 f.

439 *Ferdinand*, Pränatal- und Präimplantationsdiagnostik aus verfassungsrechtlicher Sicht, S. 160, mit Verweis auf *Wegner* in: Niemitz/Niemitz, Genforschung und Gentechnik, S. 134, 154.

440 *Reiche et al.* in: Reiche, Roche Lexikon der Medizin, Stichwort/Registerkarte Fruchttodsyndrom.

umfassenden Zulässigkeit pränataldiagnostischer Untersuchungen gewahrt werden könnten.

Die besagten Gerinnungsstörungen treten regelmäßig erst auf, nachdem das Ungeborene mindestens fünf Wochen tot ist.[441] In Betracht zu ziehen wäre deshalb eine engmaschige Schwangerschaftskontrolle. Denkbar wären Maßnahmen wie das regelmäßige Abhören der Herztöne oder vergleichbare Maßnahmen, die nicht mit dem Recht des Ungeborenen aus Art. 2 Abs. 2 S. 1 GG in Konflikt stehen würden. Die Kontrolle könnte an Stelle der routinemäßigen vorgeburtlichen genetischen Untersuchungen insbesondere bei Risikoschwangerschaften durchgeführt werden.

Im Hinblick auf die Komplexität des Körpers und den mannigfaltigen Szenarien auftretender Komplikationen, kann diese Frage mangels hinreichenden medizinischen Sachverstandes nicht abschließend beantwortet werden. Gleichwohl scheinen durchaus Möglichkeiten zu bestehen, die auf diesen Bereich beschränkte Kollision der Rechte der Mutter mit jenen des Ungeborenen zu lösen.

Eine vorgeburtliche genetische Untersuchung, die für selektive Zwecke missbraucht werden kann, wäre danach allenfalls dann zuzulassen, wenn sie für die Lebenserhaltung der Mutter unerlässlich ist. Da dieser Fall als selten einzustufen ist, wäre eine entsprechende gesetzliche Regelung mit einem geeigneten Kontrollinstrument zu versehen (z.B. Ethikkommission).

5. Ergebnis der Abwägungen

Die vorstehenden Ausführungen haben gezeigt, dass eine legislative Schutzpflicht besteht, die Gefahr für das Leben Ungeborener durch vorgeburtliche genetische Untersuchungen unter Berücksichtigung der Rechte der Eltern einzudämmen. Grundsätzlich unzulässige vorgeburtliche genetische Untersuchungen, die der Abklärung einer unheilbaren genetischen Erkrankung dienen, sind ausnahmsweise zulässig, wenn die Untersuchung für die Erhaltung des Lebens der Mutter unverzichtbar ist.

441 *Reiche et al.* in: Reiche, Roche Lexikon der Medizin, Stichwort/Registerkarte Fruchttodsyndrom.

IV. Erfüllung der Schutzpflicht durch § 25 Abs. 1 Nr. 3 i.V.m. § 15 Abs. 1 S. 1 GenDG

In welchem Umfang der Staat der Schutzpflicht nachkommt, bleibt – begrenzt durch das Untermaßverbot[442] – seinem Einschätzungs-, Wertungs- und Gestaltungsspielraum überlassen.[443] Denn wenn ein Gebot besteht, ein bestimmtes Recht zu schützen, kommen diverse Möglichkeiten in Betracht dieses Gebot zu befolgen. Dabei ist entscheidend, dass nicht jede mögliche Maßnahme geboten ist. Vielmehr ist nur geboten, eine der möglichen Maßnahmen zu ergreifen. Durch welche Maßnahme der Staat seiner Schutzpflicht nachkommt, bleibt dabei ihm selbst überlassen. Dieser Umstand hat zur Folge, dass die Umsetzung der Schutzpflicht nicht – wie etwa ein staatlicher Eingriff – voll gerichtlich überprüfbar ist.[444]

Dabei werden dem Gesetzgeber durch das sogenannte Untermaßverbot – also ein Mindestmaß an Schutzniveau – Grenzen gesetzt.[445] „Die Vorkehrungen, die der Gesetzgeber trifft, müssen für einen angemessenen und wirksamen Schutz ausreichend sein und zudem auf sorgfältigen Tatsachenermittlungen und vertretbaren Einschätzungen beruhen".[446] Teilweise wird auch auf die sogenannte Evidenzkontrolle abgestellt. Danach bedarf es gänzlicher Untätigkeit oder eines offenkundig unzureichenden Schutzes, um die Verletzung einer Schutzpflicht anzunehmen.[447] Jedenfalls aber ist von einer geringeren gerichtlichen Kontrolldichte auszugehen.

Vorliegend könnte der Gesetzgeber seiner Schutzpflicht bereits durch § 25 Abs. 1 Nr. 3 i.V.m. § 15 Abs. 1 S. 1 GenDG nachgekommen sein. Denn nach dem Willen des Gesetzgebers dient das GenDG zumindest auch dem Schutz des Ungeborenen.[448]

Nach dem Untermaßverbot müsste die Regelung einen angemessenen und wirksamen Schutz des ungeborenen Lebens gewährleisten. Nach der Evidenzkontrolle dürfte der Schutz nicht offenkundig unzureichend sein.

Zumindest die Unwirksamkeit der bisherigen Regelung ist vor dem Hintergrund der aufgezeigten Zahlen (90 % der positiv getesteten Embryonen und Föten

---

442 BVerfGE 53, 30 (56 f.); 77, 170 (215); 88, 203 (254); *Isensee* in: Isensee/Kirchhof, HStR Bd. IX, § 191 Rn. 303.

443 BVerfGE 56, 54 (80 f.); 77, 170 (214 f.); 77, 381 (405); *Di Fabio* in: Maunz/Dürig GG, Art. 2, Rn. 44; *Isensee* in: Isensee/Kirchhof, HStR Bd. IX, § 191 Rn. 293.

444 *Alexy*, Theorie der Grundrechte, S. 420 f.

445 *Isensee* in: Isensee/Kirchhof, HStR Bd. IX, § 191 Rn. 303.

446 BVerfGE 88, 203 (254).

447 Siehe etwa BVerfG NJW 1996, 651 (651).

448 BT-Drucks. 16/10532, S. 17, 20 und 32.

werden aufgrund der gegenwärtigen Regelung des GenDG selektiert) nicht abzustreiten.

Die bisherige Untersuchung hat ferner gezeigt, dass nur jene Eltern schutzwürdig sind, die vorgeburtliche genetische Untersuchungen in einem vertretbaren Interesse des Ungeborenen wahrnehmen wollen, mithin zur Therapie desselben oder zur Vorbereitung auf die zukünftigen Lebensumstände. In diesem Zusammenhang ist nun auch die spezifische tatsächliche Schutzbedürftigkeit zu beachten. Auf der Seite der Eltern bemisst sich die tatsächliche Schutzbedürftigkeit an den Alternativen zur Wahrung der Rechtsgüter. Wie bereits ausgeführt, sind durchaus Modelle engmaschiger Gesundheitskontrollen denkbar, die Leben und körperliche Unversehrtheit der Mutter gewährleisten könnten. Dies gilt auch für psychische Auswirkungen der Schwangerschaft und der mit einem Verbot selektiver vorgeburtlicher genetischer Untersuchungen einhergehenden Ungewissheit. Bloße Ängste oder Besorgnis konnten hingegen schon nicht für die Annahme einer verfassungsrechtlich relevanten Schutzwürdigkeit ausreichen. Gleichwohl mag es Szenarien geben, bei denen eine Gefahr des Todes der Mutter besteht und dieses nur durch Offenlegung der genetischen Eigenschaften des Ungeborenen gebannt werden kann. Mit Ausnahme dieser wohl recht seltenen Fälle, in denen – angelehnt am Modell des § 3a ESchG – eine Ethikkommission über die Vornahme der Pränataldiagnostik entscheiden könnte, dürfte die Schutzbedürftigkeit der Eltern als eher gering anzusehen sein.

Zur Wahrung des Schutzes des Ungeborenen sind hingegen keine Alternativen zu einem Verbot selektiver vorgeburtlicher genetischer Untersuchungen ersichtlich. Insbesondere ist eine Verschärfung des Abtreibungsstrafrechts kein vielversprechender Ansatzpunkt für die Vermeidung von Selektion.

Dass die gegenwärtige Regelung die Rechte des Ungeborenen auch in einem evident unzureichenden Maße schützt, ergibt sich nicht zuletzt aus dem Umstand, dass § 15 Abs. 3 GenDG die Möglichkeit des Schwangerschaftsabbruchs ausdrücklich mit einzubeziehen scheint. In einer Gesamtschau mit den erlaubten Untersuchungen zu medizinischen Zwecken und den sanktionslosen Verboten der Mitteilung des Geschlechts vor der zwölften Schwangerschaftswoche und der Untersuchung spätmanifestierender Erkrankungen führt dies zu der Vermutung, der Gesetzgeber habe der Schwangeren das Wissen für embryopathisch motivierten Schwangerschaftsabbruch gar ermöglichen wollen.[449]

449 *Tolmein*, KJ 2012, 420 (424); in diesem Sinne wohl auch *Czerner*, MedR 2011, 783 (787).

V. Schlussfolgerungen

Die Regelung des § 25 Abs. 1 Nr. 3 i.V.m. § 15 Abs. 1 S. 1 GenDG kann den Anforderungen des Art. 2 Abs. 2 S. 1 GG in seiner Schutzpflichtfunktion aus den dargestellten Gründen nicht gerecht werden. Nach der Rechtsprechung des Bundesverfassungsgerichts führt dieser Befund aber nicht zwingend zur Nichtigkeit der Regelung. „Die bloße Unvereinbarerklärung, verbunden mit der Anordnung befristeter Fortgeltung der verfassungswidrigen Regelung, kommt statt der gesetzlich vorgesehenen Nichtigkeit als Rechtfolge dann in Betracht, wenn es aus verfassungsrechtlichen Gründen unabdingbar ist, eine verfassungswidrige Vorschrift für eine Übergangszeit fortbestehen zu lassen, damit in dieser Zeit nicht ein Zustand besteht, der von der verfassungsmäßigen Ordnung noch weiter entfernt ist als der bisherige.“[450] Den Gesetzgeber trifft dann jedoch eine Nachbesserungspflicht.[451]

Die auf die Regelung zur Pränataldiagnostik beschränkte Untersuchung hat gezeigt, dass Art. 2 Abs. 2 S. 1 GG eine Wertung enthält, die der Selektion ungeborenen Lebens widerspricht. Diese Wertung wird nach dem hier gefundenen Ergebnis in § 25 Abs. 1 Nr. 3 i.V.m. § 15 Abs. 1 S. 1 GenDG nicht ausreichend abgebildet. § 3a ESchG lässt Selektion hingegen de facto nur in eng begrenzten Ausnahmefällen zu. Zwar können diese Ausnahmen des grundsätzlichen Verbots der Präimplantationsdiagnostik (bei einem hohen Risiko für eine schwerwiegende Erbkrankheit oder bei einer hohen Wahrscheinlichkeit für eine Tot- oder Fehlgeburt), im Rahmen dieser Arbeit keiner verfassungsrechtlichen Kontrolle unterzogen werden. Es kann aber jedenfalls festgehalten werden, dass die Wertung des Art. 2 Abs. 2 S. 1 GG von § 3a ESchG ungleich zutreffender abgebildet wird, als dies bei § 25 Abs. 1 Nr. 3 i.V.m. § 15 Abs. 1 S. 1 GenDG der Fall ist. Insoweit kann ein Wertungswiderspruch zwischen den Regelungen damit begründet werden, dass § 3a ESchG der Wertung des Art. 2 Abs. 2 S. 1 GG entspricht, § 25 Abs. 1 Nr. 3 i.V.m. § 15 Abs. 1 S. 1 GenDG hingegen nicht.

Wenn man entgegen der hier vertretenen Auffassung annähme, der Embryo in vitro sei nicht schon Träger des Grundrechts oder seine Trägerschaft müsse erst noch zu vollem Umfang erstarken, wäre der Widerspruch ungleich stärker, weil der zumindest vom subjektiven Grundrechtschutz nicht oder nicht vollständig erfasst Embryo in vitro besser geschützt ist als der Embryo in vivo, für den jedenfalls eine Schutzpflicht besteht.

---

450 BVerfGE 119, 331 (382).

451 Ausführlich dazu *Szczekalla*, Die sogenannte grundrechtliche Schutzpflicht im deutschen und europäischen Recht, S. 198 ff.

D. Gleichheitsrechte

Gleichheitsrechte werden in der Literatur zum vorliegenden Themenkomplex nur selten herangezogen. Dies verwundert insbesondere, weil auch der Gesetzgeber offenbar der Ansicht ist, dass genetische Analysen durchaus gleichheitsrechtliche Relevanz haben. Anderenfalls würde er den Schutz vor genetischer Diskriminierung nicht zu einem zentralen Anliegen des GenDG machen.[452] Denn nach § 1 GenDG ist Zweck des Gesetzes eine Benachteiligung aufgrund genetischer Eigenschaften zu verhindern. Mithin bedarf es einer Analyse der Regelung und des Verfahrens nach Maßgabe des Art. 3 Abs. 3 S. 2 GG. Ferner ist eine Ungleichbehandlung von Ungeborenen in vitro gegenüber jener in vivo im Lichte des allgemeinen Gleichheitssatzes zu untersuchen.

I. Vorüberlegungen zu der Dogmatik der Gleichheitsrechte

1. Die Grundrechtsfunktionen der Gleichheitsrechte

Zwar gehören die grundrechtlichen Schutzpflichten zum anerkannten Bestand der Grundrechtsdogmatik. Die Entwicklung der grundrechtlichen Schutzpflichten erfolgte jedoch überwiegend im Zusammenhang mit Art. 2 Abs. 2 S. 1 GG. Die Erstreckung des Schutzpflichtgedankens auf andere Grundrechtsbereiche findet hingegen weniger Beachtung.[453] Zumindest für den allgemeinen Gleichheitssatz werden Schutzpflichten überwiegend abgelehnt.[454] Dies wird damit begründet, dass das Gebot des Art. 3 Abs. 1 GG die Gleichbehandlung aller Menschen lediglich an den Staat gerichtet sei.[455] Denn der allgemeine Gleichheitsgrundsatz normiere zum einen die Rechtsanwendungsgleichheit und zum anderen die Rechtssetzungsgleichheit.[456] Eine darüber hinausgehende objektive Wertentscheidung werde von Art. 3 Abs. 1 GG nicht statuiert.[457] Dem wird entgegengehalten, die Untauglichkeit des allgemeinen Gleichheitssatzes auf die bloß behauptete fehlende objektivrechtliche Wirkung zu stützen, könne nicht überzeugen, da Art. 3 Abs. 1 GG als „Bestandteil des allgemeinen Gerechtigkeitsprinzips“ sehr wohl

---

452 BT-Drucks. 16/10532, S. 1 und 16.

453 Dazu *Dietlein*, Die Lehre von den grundrechtlichen Schutzpflichten, S. 74.

454 *Isensee* in: Isensee/Kirchhof, HStR Bd. IX, § 191 Rn. 222; *Kischel* in: Epping/Hillgruber, GG, Art. 3. Rn. 91; m.w.N.; *Schwarz* in: Blaschke et al., Sicherheit statt Freiheit? Staatliche Handlungsspielräume in extremen Gefährdungslagen, S. 43, m. w. N.

455 *Dietlein*, Die Lehre von den grundrechtlichen Schutzpflichten, S. 84.

456 *Pieroth/Schlink/Kingreen/Poscher*, Grundrechte, Rn. 482.

457 *Dietlein*, Die Lehre von den grundrechtlichen Schutzpflichten, S. 84; *Erichsen*, Jura 1997, S. 87.

objektive Grundrechtsgehalte enthalte.[458] Dies leuchte insbesondere dann ein, wenn man den allgemeinen Gleichheitssatz auch als Willkürverbot versteht, dass aus seinem objektivrechtlichen Gehalt den Staat anhält, vor privater Willkür zu schützen.[459] Doch selbst von den Kritikern einer strikten Ablehnung der Ableitung einer Schutzpflicht aus Art. 3 Abs. 1 GG wird in Abwägung mit entgegenstehenden Rechten wie der Privatautonomie (Art. 2 Abs. 1 GG) eine Schutzpflicht nur in extremen Fällen angenommen.[460] Auch dass der Gesetzgeber mit dem GenDG genetische Diskriminierung verhindernd wollte, kann jedenfalls nicht belegen, dass dies verfassungsrechtlich geboten ist.[461] Insoweit sollen die nachfolgenden Ausführungen auf die abwehrrechtliche Funktion beschränkt werden.

Für die speziellen Diskriminierungsverbote wird hingegen ganz überwiegend angenommen, dass diese durchaus Grundlage einer Schutzpflicht sein können.[462] Der Wortlaut des Art. 3 Abs. 3 S. 2 GG enthält zwar keine ausdrückliche Schutzpflicht, wie etwa Art. 3 Abs. 2 S. 2 GG. Aus diesem Umstand wird aber nicht gefolgert, dass die Systematik gegen die Ableitung einer Schutzpflicht aus Art. 3 Abs. 3 S. 2 GG spreche. So wird die Regelung nicht nur als Förderungsauftrag, sondern auch als Schutzpflicht vor Übergriffen Privater verstanden.[463] Zur Begründung wird insbesondere die Gesetzgebungsgeschichte herangezogen.[464] Ferner wird auf den engen Zusammenhang der in Art. 3 Abs. 3 GG genannten Gruppen mit der Menschenwürdegarantie verwiesen.[465]

---

458 *Kirchhof* in: Maunz/Dürig GG, Art. 3 Abs. 1, Rn. 294.

459 *Szczekalla*, Die sogenannte grundrechtliche Schutzpflicht im deutschen und europäischen Recht, S. 339; so wohl auch aber im Ergebnis die Schutzpflicht aus Art. 3 Abs. 1 GG ablehnend *Heun*, in: Dreier GG, Art. 3, Rn. 66.

460 *Szczekalla*, Die sogenannte grundrechtliche Schutzpflicht im deutschen und europäischen Recht, S. 340.

461 Vgl. *Kischel* in: Epping/Hillgruber, GG, Art. 3. Rn. 91.

462 *Sachs* in: Isensee/Kirchhof, HStR Bd. VIII, § 182 Rn. 15 und 124; *Buch*, Das Grundrecht der Behinderten, S. 200 ff; *Szczekalla*, Die sogenannte grundrechtliche Schutzpflicht im deutschen und europäischen Recht, S. 341 ff; so wohl auch: *Berlit*, RdJB 1996, 145 (148).

463 *Sachs* in: Isensee/Kirchhof, HStR Bd. VIII, § 182 Rn. 124.

464 *Sachs* in: Isensee/Kirchhof, HStR Bd. VIII, § 182 Rn. 124 mit Verweis auf *Sachs*, RdJB 1996, 154 (155 ff.).

465 *Buch*, Das Grundrecht der Behinderten, S. 201 f.; m. w. N.

2. *Das Ungeborene als Grundrechtträger von Gleichheitsrechten*

Da die Feststellung der Grundrechtträgerschaft im Rahmen von Art. 2 Abs. 2 S. 1 GG nicht ungesehen auf andere Grundrechte übertragen werden kann, bedarf es zu Art. 3 GG zusätzlicher Vorüberlegungen.

In Anknüpfung an die grammatikalische Auslegung des Art. 2 Abs. 2 S. 1 GG ist auch im Rahmen des allgemeinen Gleichheitssatzes von einer grundsätzlichen Offenheit für eine Grundrechtsträgerschaft des Ungeborenen auszugehen. Denn wenn „jeder" dort im Sinne von „jeder Mensch" zu verstehen ist und Ungeborene „Menschen" in diesem Sinne sind, liegt nahe, dass das Ungeborene auch „Mensch" im Sinne des Art. 3 Abs. 1 GG ist.[466]

Im Hinblick auf die Grundrechtsträgerschaft Ungeborener im Rahmen des Art. 3 Abs. 3 S. 2 GG gehen die Meinungen im verfassungsrechtlichen Schrifttum auseinander.[467]

Erster Ansatzpunkt für Überlegungen zur Grundrechtsträgerschaft ist wiederum der Wortlaut der Norm: „Niemand darf wegen seiner Behinderung benachteiligt werden." Man könnte „Niemand" im Hinblick auf Art. 3 Abs. 1 GG – der „alle Menschen" erfasst[468] – aber auch als Gegenbegriff zu „Jeder" im Sinne von „jeder Mensch" (Art. 2 Abs. 2 S. 1 GG) auslegen.[469]

Vereinzelt werden jedoch teleologische und systematische Gesichtspunkte gegen die Erfassung des Ungeborenen vom Schutzbereich des Art. 3 Abs. 3 S. 2 GG vorgebracht. Denn Telos des Benachteiligungsverbots sei unter anderem die gesellschaftliche Besserstellung Behinderter.[470] Diesbezüglich könnte man nun vorbringen, dass eine Verwirklichung dieses Telos offensichtlich nur bei Geborenen realisiert werden kann.[471]

466 *Müller-Terpitz*, Der Schutz des pränatalen Lebens, S. 377.

467 Für die Grundrechtsträgerschaft ungeborenen Lebens: *Sachs* in: Stern, StaatsR IV/2, S. 1773; *Umbach* in: Umbach/Clemens GG, Art. 3, Rn. 404; a.A. etwa *Beckmann*, MedR 1998, 155 (159 f.).

468 *Giwer*, Rechtsfragen der PID, S. 121; *Buch*, Das Grundrecht der Behinderten, S. 88; *Müller-Terpitz*, Der Schutz des pränatalen Lebens, S. 377; vgl. auch *Starck* in: v. Mangoldt/Klein/Starck GG, Art. 3 Abs. 3, Rn. 373.

469 A.A. *Czerner*, ZRP 2009, 233 (235).

470 BT-Drucks. 12/8165, S. 28 f.; *Müller-Terpitz*, Der Schutz des pränatalen Lebens, S. 377; *Osterloh/Nußberger* in: Sachs GG, Art. 3, Rn. 307 (Fn. 782).

471 *Müller-Terpitz*, Der Schutz des pränatalen Lebens, S. 378; *Osterloh/Nußberger* in: Sachs GG, Art. 3, Rn. 308 (Fn. 728).

Dieser Auffassung wird jedoch entgegenzubringen, dass das Integrationsanliegen des Art. 3 Abs. 3 S. 2 GG auch dahingehend verstanden werden kann, dass dieses eine Anwendung auf ungeborenes Leben gerade und notwendig voraussetze.[472]

Darüber hinaus wird zu Recht vertreten, dass die Normierung des Art. 3 Abs. 3 S. 2 GG als Korrektur der Versäumnisse des Parlamentarischen Rates anzusehen sei. Das nationalsozialistische Unrechtsregime hat nicht nur geborene Behinderte verfolgt. Eine dahingehende Beschränkung ist historisch nicht nachzuweisen.[473] Vielmehr ist die Rechtsprechung des Bundesverfassungsgerichts zu Menschenwürde und Lebensrecht konsequent weiterzuführen und somit auf Art. 3 Abs. 3 S. 2 GG zu erstrecken.[474]

Demgemäß wird unter Berücksichtigung des zu Art. 2 Abs. 2 S. 1 GG Gesagten vorliegend von einer Grundrechtsträgerschaft des Ungeborenen ausgegangen.[475]

II. Art. 3 Abs. 3 S. 2 GG

1. Persönliche Anwendungsvoraussetzungen

Die Anwendung des Art. 3 Abs. 3 S. 2 GG setzt in persönlicher Hinsicht eine Behinderung voraus. Eine solche wird definiert als eine „nicht nur vorrübergehende Funktionsbeeinträchtigung, die auf einem regelwidrigen körperlichen, geistigen oder seelischen Zustand beruht“[476].

Es sind weder Gründe ersichtlich, die gängigen chromosomalen Anomalien, die regelmäßig Gegenstand vorgeburtlicher genetischer Untersuchungen sind, nicht unter den Begriff der Behinderung zu subsumieren, noch sind gegenteilige Auffassungen bekannt. Eine Behinderung im Sinne des Art. 3 Abs. 3 S. 2 GG ist insbesondere auch dann anzunehmen, wenn eine körperliche Funktionsbeeinträchtigung noch keine sichtbaren Ausmaße angenommen hat.

2. Sachliche Anwendungsvoraussetzungen

Nunmehr ist zu untersuchen, ob die Regelung des § 25 Abs. 1 Nr. 3 i.V.m. § 15 Abs. 1 S. 1 GenDG bzw. das von Privaten durchgeführte Verfahren gegen Art. 3

---

472 *Buch*, Das Grundrecht der Behinderten, S. 90.

473 *Giwer*, Rechtsfragen der PID, S. 121 f.

474 *Buch*, Das Grundrecht der Behinderten, S. 89 f.; drastisch so auch: *v. Dewitz*, ZfL 2009, 74 (76 f.).

475 Stellvertretend für viele: *Sachs* in: Stern, StaatsR IV/2, S. 1773 (Fn. 412) m.w.N.

476 BVerfGE 96, 288 (301); 99, 341 (356 f.); *Jarass* in: Jarass/Pieroth GG, Art. 3, Rn. 144, m.w.N.; *Heun* in: Dreier GG, Art. 3, Rn. 136, m.w.N., der den Begriff noch um die Beeinträchtigung der Wahrnehmung gesellschaftlicher Funktion erweitert.

Abs. 3 S. 2 GG verstößt. Dafür müsste zunächst eine Benachteiligung im Sinne des Art. 3 Abs. 3 S. 2 GG vorliegen.

„Benachteiligung bedeutet nachteilige Ungleichbehandlung. Behinderte werden zum Beispiel benachteiligt, wenn ihre Lebenssituation im Vergleich zu derjenigen nicht behinderter Menschen durch gesetzliche Regelungen verschlechtert wird, die ihnen Entfaltungs- und Betätigungsmöglichkeiten vorenthalten, welche anderen offenstehen.“[477] Es stellt sich nunmehr die Frage, welcher aus § 25 Abs. 1 Nr. 3 i.V.m. § 15 Abs. 1 S. 1 GenDG resultierende Umstand eine nachteilige Ungleichbehandlung darstellen könnte.

Die vorgeburtliche genetische Untersuchung zielt darauf ab, bestimmte genetische Eigenschaften des Ungeborenen festzustellen. Die genetischen Eigenschaften – oder die Wahrscheinlichkeit für deren Vorliegen – werden allerdings in jedem Fall ermittelt. Eine Unterscheidung zwischen behinderten und nicht behinderten Embryonen findet zu diesem Zeitpunkt nicht statt. Demgemäß wird die Feststellung bestimmter genetischer Eigenschaften – selbst von den härtesten Kritikern der Pränataldiagnostik – nicht als Benachteiligung wegen einer Behinderung qualifiziert.[478]

Nachteile erwachsen allenfalls aus Handlungen die auf die festgestellten genetischen Eigenschaften aufbauen. Dies ist insbesondere die Entscheidung über einen Schwangerschaftsabbruch nach einer negativen Bewertung der jeweiligen genetischen Eigenschaft. Dabei ist entscheidend daran zu erinnern, dass der Schwangerschaftsabbruch nicht Rechtsfolge der Regelung zur vorgeburtlichen genetischen Untersuchung ist. Folge der Regelung ist lediglich eine erhöhte Gefahr in tatsächlicher Hinsicht für einen Schwangerschaftsabbruch nach den geltenden Vorgaben. Die Regelung des Schwangerschaftsabbruchs ist hingegen nicht Gegenstand dieser Untersuchung. Vorliegend soll sich wie bereits im Rahmen von Art. 2 Abs. 2 S. 1 GG, darauf beschränkt werden, die Verursachung der erhöhten Gefahr für das Leben durch die gesetzliche Regelung bzw. des Verfahrens verfassungsrechtlich zu bewerten.

Grundrechtsgefährdungen stellen jedoch im Allgemeinen keine Beeinträchtigungen dar. Nur in Ausnahmefällen sind Gefährdungen Beeinträchtigungen gleichzusetzen.[479] Fraglich ist also, ob die Verursachung der erhöhten Gefahr eine Benachteiligung im Sinne des Art. 3 Abs. 3 S. 2 GG sein kann.

---

477 BVerfGE 99, 341 (357); *Kischel* in: Epping/Hillgruber, GG, Art. 3. Rn. 234.

478 So im Ergebnis auch *Gärditz*, Gutachtliche Stellungnahme zur Zulässigkeit des Diagnoseprodukts „PraenaTest“, S. 4; *Giwer*, Rechtsfragen der PID, S. 128, die auf die fehlende Kausalität der Behinderung für die Untersuchung abstellt.

479 BVerfGE 51, 324 (346 f.).

Diese Frage könnte jedoch dahinstehen, wenn eine Tötung als Verwirklichung der durch die vorgeburtliche genetische Untersuchung entstandenen Gefahr schon begrifflich keine Benachteiligung sein kann. Man könnte annehmen, eine Tötung sei die intensivste Form der Benachteiligung.[480] Diese Auffassung wird damit begründet, dass die soziale Teilhabe behinderter Menschen die Existenz derselben voraussetze.[481] Dagegen wird allerdings zu Recht eingewandt, bei einer Tötung sei allein Art. 2 Abs. 2 S. 1 GG einschlägig.[482] Die Konzeption der Grundrechte setze die Existenz eines Grundrechtsträgers voraus. So kann sich auf die Religionsfreiheit nur derjenige berufen, der existiert. Das kann aber nicht bedeuten, dass die Religionsfreiheit, nur weil das Leben eine Voraussetzung derselben ist, auch das Leben des Grundrechtsträgers schützt. Mithin wird das Leben umfassend von Art. 2 Abs. 2 S. 1 GG erfasst.[483] Demnach ist weder eine Tötung noch die Verursachung einer Tötungsgefahr eine Benachteiligung im Sinne des Gleichheitssatzes.

3. Ergebnis zu Art. 3 Abs. 3 S. 2 GG

Die Analyse hat gezeigt, dass weder die Regelung des § 25 Abs. 1 Nr. 3 i.V.m. § 15 Abs. 1 S. 1 GenDG den Art. 3 Abs. 3 S. 2 GG in seiner abwehrrechtlichen Funktion, noch das von Privaten durchgeführte Verfahren in dessen Schutzpflichtfunktion verletzt, da weder die Regelung, noch die Untersuchung zwischen Behinderten und Nichtbehinderten differenziert und die nur Behinderte betreffende Gefahr des Todes keine Benachteiligung im Sinne des Art. 3 Abs. 3 S. 2 GG darstellt.

III. Der allgemeine Gleichheitssatz

Auf die Grundrechtsträgerschaft des Ungeborenen kommt es bei der Untersuchung des allgemeinen Gleichheitssatzes, wie bereits festgestellt, nicht zwingend an. Auch die umstrittene Schutzpflichtenfunktion ist für die Analyse des allgemeinen Gleichheitssatzes unerheblich, da keine Ungleichbehandlung durch Private Gegenstand der nachfolgenden Untersuchung ist, sondern lediglich eine

480 *Gärditz*, Gutachtliche Stellungnahme zur Zulässigkeit des Diagnoseprodukts „PraenaTest“, S. 4.

481 Vgl. *Gärditz*, Gutachtliche Stellungnahme zur Zulässigkeit des Diagnoseprodukts „PraenaTest“, S. 4.

482 *Giwer*, Rechtsfragen der PID, S. 132 f.; *Müller-Terpitz*, Der Schutz des pränatalen Lebens, S. 378.

483 So im Ergebnis auch: *Müller-Terpitz*, Der Schutz des pränatalen Lebens, S. 378.

Ungleichbehandlung durch den Gesetzgeber diskutiert werden soll. Mithin kommt nur die abwehrrechtliche Funktion des allgemeinen Gleichheitssatzes zur Anwendung.

Der allgemeine Gleichheitsgrundsatz entfaltet als Rechtsanwendungsgleichheit und als Rechtssetzungsgleichheit Wirkung, wobei sich letztere nicht aus dem Wortlaut des Art. 3 Abs. 1 GG allein – sondern aus dem Zusammenspiel mit Art. 1 Abs. 3 GG ergibt.[484] Die vorliegende Konstellation betrifft lediglich die Rechtssetzungsgleichheit, also die Frage, ob der Gesetzgeber die Vorgaben des an ihn adressierten Teils des allgemeinen Gleichheitssatzes bei der Normierung des § 25 Abs. 1 Nr. 3 i.V.m. § 15 Abs. 1 S. 1 GenDG gewahrt hat. Die Vorgaben, die der allgemeine Gleichheitssatz an den Gesetzgeber stellt, zu formulieren, ist freilich nicht einfach. Es wird allerdings angenommen, dass die Rechtssetzungsgleichheit zumindest nicht gebiete, jeden pauschal gleich zu behandeln oder gar faktische Gleichheit herzustellen. Deshalb baue das Bundesverfassungsgericht seine Rechtsprechung auf dem grundlegenden Satz auf: „Gleiches ist gleich, Ungleiches ist ungleich zu behandeln".[485]

Es herrscht ferner weitgehend Einigkeit darüber, dass die Anwendung des allgemeinen Gleichheitssatzes, im Gegensatz zur dreistufigen Prüfung der Freiheitsrechte, in zwei Schritten erfolgt.[486] Zunächst ist eine Ungleichbehandlung von Gleichem festzustellen. Wenn eine solche vorgefunden wird, bedarf diese in einem zweiten Schritt einer Rechtfertigung.

1. *Anwendbarkeit*

Der allgemeine Gleichheitssatz ist auch neben dem einschlägigen speziellen Gleichheitssatz aus Art. 3 Abs. 3 S. 2 GG anwendbar, da dieser die Benachteiligung wegen einer Behinderung im Speziellen betrifft. Die potentielle Ungleichbehandlung, die im Hinblick auf die nunmehr im Fokus stehenden Vergleichsgruppen in Betracht kommt, ist hingegen nicht durch den Ausschluss des Grundsatzes der Spezialität betroffen. Denn nachfolgend wird im Rahmen des allgemeinen Gleichheitssatzes eine Ungleichbehandlung des Embryos in vivo gegenüber dem Embryo in vitro untersucht werden. Dabei wird das Augenmerk nicht auf die

484 *Pieroth/Schlink/Kingreen/Poscher*, Grundrechte, Rn. 482.

485 *Alexy*, Theorie der Grundrechte, S. 259 ff.

486 Vgl. *Kischel* in: Epping/Hillgruber, GG, Art. 3, Rn. 15 f.; *Heun* in: Dreier GG, Art. 3, Rn. 23 ff; *Pieroth/Schlink/Kingreen/Poscher*, Grundrechte, Rn. 484; *Jarass* in: Jarass/Pieroth GG, Art. 3, Rn. 7 ff.

Benachteiligung wegen einer Behinderung gerichtet, sondern die Ungleichbehandlung der Vergleichsgruppen unabhängig von einer Behinderung betrachtet.

2. Feststellung einer Ungleichbehandlung von Gleichem

a) Gleichheit der Vergleichsgegenstände

Ungeborene in vitro und Ungeborene in vivo sind nunmehr hinsichtlich ihrer Gleichheit zu untersuchen. Ohne auf den Streit, ob eine deskriptive oder normative Vergleichsgruppenbildung vorzuziehen ist, einzugehen[487], sollen beide Aspekte erwähnt werden.

In rechtlicher Hinsicht liegt die Gleichheit insoweit auf der Hand, dass sowohl Embryonen in vitro als auch Embryonen in vivo nach der hier vertretenen Ansicht Grundrechtsträger des Rechts auf Leben sind. Der bereits erwähnte, im Recht auf Leben angelegte Gleichheitsgedanke, der grob gesagt einer willkürlichen Ausgrenzung bestimmter Entwicklungsstadien aus dem Schutzbereich entgegenwirkt, findet sein Pendant in dem aus dem allgemeinen Gleichheitssatz abgeleiteten Grundsatz der „Statusgleichheit“[488]. Dieser begründet eine „Egalität im Elementaren“, die ein Unterscheidungsverbot insbesondere in Bezug auf die Würde des Menschen aufstellt. Zu diesem grundlegen Gleichheitsstatus wird auch das Leben und die körperliche Unversehrtheit gezählt.[489] Diese rechtliche Gleichheit der Menschen soll Ausgangspunkt staatlichen Handelns sein.[490]

Am Anfang der Überlegungen zur tatsächlichen Gleichheit steht die Erkenntnis, dass alle Menschen in tatsächlicher Hinsicht verschieden sind. Demnach kann Gleichheit insoweit nur Vergleichbarkeit bedeuten, nicht aber Identität.[491] Unter Anerkennung der Prämisse der faktischen Ungleichheit kann ein Vergleichspaar dennoch partielle Gleichheit im Hinblick auf eine bestimmte Eigenschaft (das sogenannte tertium comparationis[492]) aufweisen. Dabei ist freilich nicht zu verkennen, dass darüber hinaus immer auch partielle Ungleichheiten in Bezug auf diverse andere Eigenschaften bestehen.[493] Der vielfach vom

---

487 Dazu umfassend *Dieterich*, Systemgerechtigkeit und Kohärenz, S. 426 ff.

488 Insbesondere: *Kirchhof* in: Isensee/Kirchhof, HStR Bd. VIII, § 181 Rn. 151 ff.

489 *Kirchhof*, Die Verschiedenheit der Menschen und die Gleichheit vor dem Gesetz, S. 18.

490 *Starck*, in: Link, Der Gleichheitssatz im modernen Verfassungsstaat, S. 55 f.

491 *Ipsen*, Staatsrecht II, Rn. 800.

492 Vgl.: *Boysen* in: Münch/Kunig GG, Bd. 1, Art. 3, Rn. 50; *Kirchhof* in: Isensee/Kirchhof, HStR Bd. VIII, § 181 Rn. 1; *Dürig*/Scholz in: Maunz/Dürig GG, Art. 3 Abs. 1, Rn. 1.

493 Vgl. *Alexy*, Theorie der Grundrechte, S. 362.

Bundesverfassungsgericht verwendete Begriff der „wesentlichen Gleichheit“ wird teilweise als Mittel zur Begrenzung der Vergleichspaare benutzt. Entgegen dieser Aufspaltung der Rechtfertigungsprüfung ist es auf der gegenwärtigen Stufe der Prüfung jedoch vorzugswürdig, lediglich die gemeinsamen Eigenschaften aufzuzeigen, die nachfolgend in einem zweiten Schritt einer Rechtfertigung zugeführt werden sollen.[494]

aa) Grundlegende Eigenschaften des Ungeborenen

Die bisherige Untersuchung hat gezeigt, dass im Hinblick auf die folgenden grundlegenden Eigenschaften partielle faktische Gleichheit angenommen werden kann. Sowohl Ungeborene in vitro als auch jene in vivo leben ab der Kernverschmelzung im deskriptiven Sinne und gehören der Spezies Mensch an. Beide Vergleichssubjekte sind jeweils mit dem späteren Erwachsenen identisch. Beide haben bereits ab der Kernverschmelzung das Potential in einer kontinuierlichen Entwicklung zu eben jenem Erwachsenen zu werden.

Sofern man allerdings im Rahmen des Modells eines abgestuften Lebensschutzkonzepts die Vergleichbarkeit entgegen der hier vertretenen Auffassung in den verschiedenen Entwicklungsstadien ablehnte, erschiene die Ungleichbehandlung sogar noch gravierender, weil jene mit geringer Schutzwürdigkeit höheren Schutz erführen als jene mit gewachsener Schutzwürdigkeit.

bb) Die Schutzbedürftigkeit des Ungeborenen

Der Begriff der Schutzwürdigkeit ist in diesem Zusammenhang von dem der Schutzbedürftigkeit zu unterscheiden. Die Schutzbedürftigkeit bemisst sich im Gegensatz zur Schutzwürdigkeit am Grad der tatsächlichen Schädigungsgefahr. Die Schutzwürdigkeit hingegen kann wie gesehen nicht zu einem bestimmten Grad bestehen, die Schutzwürdigkeit steht ab der Kernverschmelzung gleichbleibend fest.[495]

Eine Vergleichbarkeit der Schutzbedürftigkeit in den beiden Szenarien wird oftmals bezweifelt, weil sich das Maß der Zugriffsmöglichkeit außerhalb und innerhalb des Mutterleibes unterscheide.[496] Ungeborene in vitro seien im künstlichen Umfeld eher der Gefahr von Schädigungen ausgesetzt als Ungeborene in

494 *Kischel* in: Epping/Hillgruber, GG, Art. 3, Rn. 17; vgl. auch *Alexy*, Theorie der Grundrechte, S. 364 ff.

495 So wohl auch *Giwer*, Rechtsfragen der PID, S. 111.

496 *Mildenberger*, MedR 2002, 293 (297); so wohl auch: *Graumann*, Die Genkontroverse, S. 89.

vivo, bei denen der Mutterleib natürlichen Schutz gewähre.[497] Der natürliche Schutz in vivo wird insbesondere auf eine einzigartige Verbindung – die schon vom Bundesverfassungsgericht als „Zweiheit in Einheit“[498] bezeichnet wurde – zwischen Mutter und Kind zurückgeführt.[499] Dieser häufig angeführte Umstand wird bisweilen auch als „eine einzigartige Form einer existentiellen, leiblichen Fürsorgebeziehung“[500] bezeichnet. Aufgrund dieser besonderen biologischen Situation habe auch der Entscheidungskonflikt der Mutter bzw. Eltern eine andere Qualität, mithin sei das Ungeborene in vivo – im Gegensatz zu jenem in vitro – geschützt.[501] Denn die Vornahme eines Schwangerschaftsabbruchs falle schwerer als einen „defekten Zellhaufen“ wegzuwerfen.[502] Im Hinblick auf die Zugriffsmöglichkeit ist diesem Ansatz zuzugestehen, dass das in vivo entstehende Ungeborene zumindest für den Zeitraum in dem er noch nicht nachweisbar, ist vor schädigenden Beeinträchtigungen geschützt ist. Denn eine Schwangerschaft ist erst in Folge der Bildung eines Hormons nach einigen Tagen sicher nachweisbar.

Für die Einordnung der Argumente zur Schutzbedürftigkeit in den vorliegenden Kontext bedarf es einiger Differenzierungen, da diese überwiegend in einer Debatte geäußert wurden, bei der die Präimplantationsdiagnostik mit dem Schwangerschaftsabbruch nach erfolgter Pränataldiagnostik verglichen wurde. Zunächst sei daran zu erinnern, dass diese Arbeit die Regelung der Untersuchung nicht aber jene der Tötung behandelt. Die Einbeziehung der Verwerfungs- oder Abbruchsentscheidung soll nur dann erfolgen, wenn sie Einfluss auf die Vergleichbarkeit der Untersuchungsverfahren selbst hat. Demnach kommt es bei der Vergleichbarkeit der Untersuchungsverfahren in vitro und in vivo zunächst auf die spezifischen Risiken derselben an.

Insoweit kann konstatiert werden, dass beide Verfahren ein Risiko des Absterbens durch die Punktion beinhalten. Sofern dieses auf ein wissenschaftlich nicht mehr fassbares Maß reduziert wäre oder wie im Fall der nichtinvasiven Pränataldiagnostik von Anfang an nicht besteht, müsste man dennoch gleiche Schutzbedürftigkeit annehmen, weil ein positiver Befund der jeweiligen Untersuchung in beiden Szenarien in aller Regel Grundlage für die Tötung des betroffenen Ungeborenen ist. Beide Verfahren erhöhen mithin die Wahrscheinlichkeit des Todes in vergleichbarem Maße.

---

497 *Giwer*, Rechtsfragen der PID, S. 112 f.

498 BVerfGE 88, 203 (253).

499 *Lehmann*, Die In-vitro-Fertilisation und ihre Folgen, S. 110.

500 *Graumann*, Die Genkontroverse, S. 92.

501 *Mildenberger*, MedR 2002, 293 (298).

502 *Mildenberger*, MedR 2002, 293 (300).

Erst in Anknüpfung an die erhöhte Tötungswahrscheinlichkeit könnte nunmehr auf das Argument des natürlichen Schutzes bzw. die geringeren Zugriffsmöglichkeiten in vivo rekurriert werden. Allerdings gehört die pränatale Diagnostik gegenwärtig zur Routine der Schwangerenvorsorge. Lediglich die Ablehnung der Vorsorgemaßnahmen durch die Schwangere würde letztlich den Zugriff verhindern, was offenkundig regelmäßig nicht der Fall ist. Auch das den invasiven Verfahren immanente Abortrisiko führt nur selten zur Ablehnung derselben, da diesen meist ein Anfangsverdacht für eine Erkrankung des Ungeborenen durch eine risikolose nichtinvasive Untersuchung vorausgeht und das Abortrisiko wohl auch aufgrund dieses Umstandes untergewichtet wird.

Es ginge darüber hinaus fehl, den behandelnden Ärzten in einem der beiden Szenarien Missbrauch im Umgang mit den Ungeborenen zu unterstellen. Hinsichtlich der allgemeinen Zugriffsmöglichkeit ist hervorzuheben, dass der potentielle Täterkreis bei einer Schwangerschaft sogar höher ist, als in der künstlichen Umgebung des Labors, da in vivo nicht nur die beteiligten Ärzte (für beide Verfahren gilt ein qualifizierter Arztvorbehalt, § 3 Abs. 2 Nr. 3 ESchG und § 7 Abs. 1 GenDG) sondern auch die Mutter als potentielle Schädigerin in Betracht zu ziehen ist. Denn die Gesundheit des Ungeborenen kann schon durch die allgemeine Lebensführung beeinflusst werden.[503]

Wenn es im Rahmen der Pränataldiagnostik zur Feststellung einer genetischen Erkrankung kommt, liegt die Überlebenswahrscheinlichkeit des Ungeborenen bei Zugrundelegung der gängigsten Abtreibungsquoten ungefähr bei eins zu zehn. Auch bei der Annahme, dass im Rahmen einer Präimplantationsdiagnostik positiv getestete Embryonen nie implantiert werden, kann nicht ernsthaft angenommen werden, dass in vitro Schutzbedürftigkeit besteht und in vivo nicht. Zumal sich die ohnehin schon geringe Differenz durch Einbeziehung aller weiteren Risikoursachen noch einmal reduziert.

Die Argumente für eine geringere Schutzbedürftigkeit des Ungeborenen in vivo können demnach im vorliegenden Kontext nicht überzeugen.[504] Vielmehr ist von einer vergleichbaren Schutzbedürftigkeit auszugehen.

cc) Selektive Tendenz des Verfahrens

Betrachtet man die beiden Verfahren unter gedanklicher Einbeziehung der durch sie begünstigten Tötungshandlungen, ergibt sich eine Vergleichbarkeit

503 *Berghäuser*, Das Ungeborene im Widerspruch, S. 299.

504 Die Zugriffsmöglichkeiten in vivo sieht auch schon *Theilig*, Die Strafbarkeit pränataler Einwirkungen auf die menschliche Leibesfrucht, S. 19.

hinsichtlich ihrer selektiven Tendenz durch eine Abgrenzung zur „Pille danach" oder der Spirale. Denn der Einsatz der sogenannten Nidationshemmer führt zwar zum Absterben des Ungeborenen,[505] jedoch wird die Entscheidung ohne Ansehung der genetischen Eigenschaften desselben getroffen, mithin ohne jegliche Auswahlmöglichkeit.[506] Im Gegensatz dazu legen sowohl die präimplantive als auch die pränatale Diagnostik bestimmte genetische Eigenschaften offen, die schließlich eine Auswahlentscheidung ermöglichen.

Bisweilen wird allerdings zwischen „positiver" und „negativer" Eugenik[507] unterschieden. Die Präimplantationsdiagnostik sei ein Verfahren der „positiven" Eugenik, da bei diesem Verfahren viele Embryonen erzeugt würden, um einzig den gesunden Embryo auszuwählen. Die Pränataldiagnostik hingegen sei im Unterschied dazu „negative" Eugenik, da nur ein Ungeborenes untersucht werde.[508]

Die Ansicht einer notwendigen Unterscheidung zwischen „positiver" und „negativer" Eugenik verkennt, dass die Möglichkeit der Reduktion von Mehrlingsschwangerschaften besteht. Auch pränatal kann also unter Umständen eine Auswahl unter mehreren Ungeborenen getroffen werden.[509] Dieser Umstand führt zunächst zu einer Abschwächung des Arguments. Es verbleibt der Gesichtspunkt der Erzeugung unter dem Vorbehalt der Auswahl im Rahmen der Präimplantationsdiagnostik. Doch auch dieser Aspekt kann entkräftet werden. Denn der Grund für die Erzeugung mehrerer Embryonen bei der In-vitro-Fertilisation ist nicht die dadurch bedingte größere Auswahl, sondern vielmehr die statistische Häufigkeit der Einnistung implantierter Embryonen.[510] Die Erzeugung mehrerer Embryonen ist also erforderlich, um eine realistische Chance auf Einnistung eines einzigen Embryos zu generieren. Gleichwohl kommt es immer dann zu einer In-vitro-Fertilisation „auf Probe", wenn auch eine Präimplantationsdiagnostik vorgesehen ist. Ein kategorischer Unterschied zur Pränataldiagnostik könnte aber nur dann ausgemacht werden, wenn sich sagen ließe, dass die Entscheidung für eine Untersuchung des Embryos in vivo weit überwiegend erst nach der Zeugung getroffen wird, was offenkundig unmöglich ist. Ein wesentlicher Grund für die gehäufte Notwendigkeit der Reduktion von Mehrlingsschwangerschaften ist

---

505 Kritisch dazu *Schlink*, Aktuelle Fragen des pränatalen Lebensschutzes, S. 17.

506 *Middel*, Verfassungsrechtliche Fragen der PID, S. 174.

507 Zum Begriff der Eugenik im Allgemeinen: *Welling*, Genetisches Enhancement, S. 43 ff.

508 *Mildenberger*, MedR 2002, 293 (300).

509 Vgl. dazu *Merkel* in: Kindhäuser/Neumann/Paeffgen, StGB, 218a, Rn. 113 ff.

510 Eine Beschränkung der Erzeugung zur Vermeidung „überzähliger Embryonen" befürworten: *Gassner* et al., Fortpflanzungsmedizingesetz, Augsburg-Münchener-Entwurf, S. 41.

ferner der durch reproduktionsunterstützende Medizin bedingte Anstieg letzterer. Die Begleitumstände der Reproduktionsmedizin wirken sich mithin auch im pränatalen Bereich aus. Die Unterscheidung zwischen positiver und negativer Eugenik geht demnach insoweit fehl.

Schließlich würde eine derartige Unterscheidung vorliegend auch nicht dazu führen, eine Gleichheit im Hinblick auf selektive Tendenzen zu verneinen, da es dem Kriterium nicht auf die Unterscheidung kleinster Qualitätsnuancen ankommt, sondern jegliche Selektion abgebildet werden soll. In diesem Sinne könnte man auch bei einer Unterscheidung von positiver und negativer Eugenik für beide Verfahren selektive Tendenzen annehmen.[511] Denn ein Verständnis der Unterscheidung von positiver und negativer Eugenik dergestalt, dass negative Eugenik als Verhinderung kranken Nachwuchses und positive Eugenik als Herausbildung gewünschter Eigenschaften bedeutet, kann an der selektiven Tendenz nichts ändern.[512]

b) Ungleichbehandlung

Ob eine Ungleichbehandlung anzunehmen ist, zeigt sich durch einen Vergleich der die Vergleichsgruppen treffenden Rechtfolgen.[513] Für eine Ungleichbehandlung ist nicht erforderlich, dass das Ungeborene Normadressaten der jeweiligen Regelung ist. Denn „Menschen" im Sinne des Art. 3 Abs. 1 GG meint nicht nur Normadressaten, sondern auch Normbetroffene.[514]

Die Auslegung hat gezeigt, dass nahezu keine praxisrelevante vorgeburtliche genetische Untersuchung von dem Verbot des § 25 Abs. 1 Nr. 3 i.V. m. § 15 Abs. 1 S. 1 GendDG erfasst ist. Demgegenüber hat die Auslegung des § 3a ESchG gezeigt, dass präimplantive genetische Untersuchungen nur in eng begrenzten Ausnahmefällen erlaubt sind. Denn im Gegensatz zu dem bloßen Erfordernis, dass die vorgeburtliche genetische Untersuchung auf eine genetische Eigenschaft des Ungeborenen abzielen muss, die dessen Gesundheit beeinträchtigt, muss im Vorfeld einer präimplantiven genetischen Untersuchung ein hohes Risiko für eine schwerwiegende Erbkrankheit vorliegen. Die Rechtsfolge, dass genetische

---

511 So im Ergebnis auch *Faßbender*, NJW 2001, 2745 (2752); ebenso wohl auch *Renzikowski*, NJW 2001, 2753 (2757); dieses Ergebnis anerkennend jedoch mit anderer Konsequenz *Mildenberger*, MedR 2002, 293 (299).

512 *Joerden/Uhlig* in: Steger/Ehm/Tchirikov, Pränatale Diagnostik und Therapie in Ethik, Medizin und Recht, S. 98.

513 *Kischel* in: Epping/Hillgruber, GG, Art. 3, Rn. 15.

514 So etwa BVerfGE 110, 412 (432); ebenso *Kirchhof* in: Isensee/Kirchhof, HStR Bd. VIII, § 181 Rn. 15.

Untersuchungen in vitro grundsätzlich verboten sind, führt zu einer nur ausnahmsweise entstehenden Gefährdung des Ungeborenen in vitro. Die Rechtsfolge, dass genetische Untersuchungen in vivo nur ausnahmsweise verboten sind, führt hingegen zu einer grundsätzlich entstehenden Gefährdung des Ungeborenen in vivo. Ungeborene in vitro betrifft also eine andere Rechtsfolge als Ungeborene in vivo.

c) Zwischenergebnis

Es kann nach den vorstehenden Ausführungen resümiert werden, dass die Regelung der Präimplantationsdiagnostik des § 3a ESchG im Verhältnis zu jener der Pränataldiagnostik in § 25 Abs. 1 Nr. 3 i.V.m. § 15 Abs. 1 S. 1 GG eine Ungleichbehandlung von Gleichem darstellt.

3. Rechtfertigung der Ungleichbehandlung

In einem zweiten Gedankenschritt folgt nun die dem allgemeinen Gleichheitssatz immanente Wertungsentscheidung, deren Beliebigkeit zunächst durch den Willkürmaßstab des Bundesverfassungsgerichts begrenzt wurde, nach dem der Gesetzgeber „weder wesentlich Gleiches willkürlich ungleich, noch wesentlich Ungleiches willkürlich gleich behandeln darf“[515]. Der allgemeine Gleichheitssatz ist im Sinne der Willkürrechtsprechung „verletzt, wenn sich ein vernünftiger, sich aus der Natur der Sache ergebender oder sonstwie sachlich einleuchtender Grund für die gesetzliche Differenzierung [...] nicht finden läßt“[516]. Zwar wurde diese Formel nicht konsequent beibehalten, sondern immer wieder leicht abgewandelt, der Sinngehalt aber im Kern aufrechterhalten.[517] Die im Rahmen der Willkürprüfung erfolgende bloße Evidenzkontrolle wird damit begründet, dass es anderenfalls zu einer, mit dem Grundsatz der Gewaltenteilung unvereinbaren, Kompetenzüberschreitung des Gerichts kommen würde.[518]

Gleichwohl ist das Bundesverfassungsgericht von seiner Willkürrechtsprechung abgewichen, ohne sie jedoch zu endgültig verwerfen und fordert in seiner „neuen“ Formel[519] eine am Verhältnismäßigkeitsgrundsatz orientierte Prüfung.[520] Danach ist ein Verstoß gegen den allgemeinen Gleichheitsgrundsatz anzunehmen,

515 BVerfGE 4, 144 (155).
516 BVerfGE 1, 14 (52).
517 *Alexy*, Theorie der Grundrechte, S. 369.
518 Vgl. *Hesse*, AöR 109 (1984), 174 (187).
519 St. Rspr. seit BVerfGE 55, 72.
520 *Kischel* in: Epping/Hillgruber, GG, Art. 3, Rn. 24.

„wenn eine Gruppe von Normadressaten im Vergleich zu anderen Normadressaten anders behandelt wird, obwohl zwischen beiden Gruppen keine Unterschiede von solcher Art und solchem Gewicht bestehen, daß sie die ungleiche Behandlung rechtfertigen könnten."[521]

Die immer wieder variierenden Elemente der Verhältnismäßigkeitsprüfung können eine Kontrolldichte erreichen, die an jene von Freiheitsrechten heranreicht.[522] Die Intensität der Ungleichbehandlung soll über die Anwendung des Rechtfertigungsmaßstabs entscheiden. Die Willkürformel kommt daher eher bei sachverhaltsbezogenen Ungleichbehandlungen zur Anwendung, Verhältnismäßigkeitserwägungen hingegen werden zumeist bei personenbezogenen Differenzierungen angestellt.[523] Diese Abgrenzung wird jedoch kritisiert, weil eine sachbezogene Vorschrift als personenbezogen eingestuft werden könne, wenn man etwa darauf abstellt, dass sich die sachverhaltsbezogene Differenzierung mittelbar auf bestimmte Personen auswirkt.[524] Da es vorliegend jedenfalls um „Höchstwerte" der Verfassung geht und Ungleichbehandlung an Eigenschaften des Ungeborenen (Alter bzw. Entwicklungsstand) anknüpft, ist eine bloße Willkürprüfung ganz offensichtlich nicht angezeigt.

Die vollständige Übertragbarkeit einer freiheitsrechtlichen Verhältnismäßigkeitsprüfung auf Gleichheitsrechte wird allerdings bezweifelt, weil nicht wie bei einer Beeinträchtigung von Freiheitsrechten lediglich das Verhältnis zwischen staatlicher Maßnahme und dem betroffenen Rechtsgut relevant sei, sondern ein vergleichbarer Dritter in Bezug genommen werde.[525] Die Betroffenheit des Art. 3 Abs. 1 GG ergebe sich nicht aus dem „Übermaß, sondern der Gleichheitswidrigkeit der Einwirkung."[526] Für eine Verletzung des allgemeinen Gleichheitssatzes ist keine Verletzung subjektiver Rechte erforderlich, sondern lediglich eine im Vergleich zu anderen nachteilige Maßnahme.[527] Die Verhältnismäßigkeitsprüfung im freiheitsrechtlichen Sinne führt insbesondere dann zu Schwierigkeiten, wenn ein legitimes Ziel für die Differenzierung – wie vom Übermaßverbot gefordert – gar nicht erkennbar ist.[528] Dieser Gedanke scheint auch im vorliegenden Zusammenhang erheblich zu sein. Deshalb muss zur Rechtfertigung einer

---

521 BVerfGE 55, 72 (88).
522 *Jarass* in: Jarass/Pieroth GG, Art. 3, Rn. 17.
523 BVerfGE 129, 49 (69).
524 *Brüning*, JZ 2001, 669 (669).
525 *Brüning*, JZ 2001, 669 (670 f.).
526 *Ipsen*, Staatsrecht II, Rn. 800.
527 *Brüning*, JZ 2001, 669 (670).
528 *Ipsen*, Staatsrecht II, Rn. 820.

Ungleichbehandlung ein Differenzierungsgrund, der in jeder vernünftigen Erwägung gesehen werden kann[529], gefunden werden und mit etwaigen Gründen für eine Gleichbehandlung abgewogen werden. Maßstab für die Abwägung sind insbesondere die Freiheitsrechte und andere verfassungsrechtliche Vorgaben.[530]

Als Differenzierungsgrund für die Ungleichbehandlung der Embryonen in vitro und in vivo könnten die bereits im Rahmen der Analyse von Art. 2 Abs. 2 S. 1 GG genannten Rechte sprechen, insbesondere das Recht auf Leben der Mutter. Wenn man diese grundsätzlich für einschlägig befinden mag, was bisweilen wie gesehen durchaus problematisch ist, müssten diese zum einen für die konkret vorgefundene Ungleichbehandlung rechtfertigend wirken und zum anderen in einer Abwägung mit jenen verfassungsrechtlichen Wertungen obsiegen, die eine Gleichbehandlung fordern. In der Debatte um die Widersprüchlichkeit eines Verbots der Präimplantationsdiagnostik gegenüber der Zulässigkeit des Schwangerschaftsabbruchs nach Pränataldiagnostik wird etwa vorgebracht, eine Gleichbehandlung könne nicht geboten sein, weil die medizinisch soziale Indikation mit dem Schutz der Grundrechte der Mutter zu begründen sei.[531] Dieses recht pauschale Argument lässt sich jedoch auf die gegenwärtige Rechtslage nur bedingt übertragen.

Zunächst ist fraglich, welche Grundrechte gemeint sind. Es sei daran erinnert, dass nicht die Grundrechte des Ungeborenen den Grundrechten der Mutter in einer Abwägung unterlagen und der Gesetzgeber dadurch zu der gegenwärtigen Regelung und der Zulässigkeit des Schwangerschaftsabbruchs gekommen ist, sondern vielmehr die Unzumutbarkeit einer Austragungspflicht Grund für die Regelung war.[532] Entscheidender ist jedoch die Tatsache, dass eine Regelung der Pränataldiagnostik mit einem an die Regelung der Präimplantationsdiagnostik angeglichenen Schutzstandard weder die medizinische Indikation des Schwangerschaftsabbruchs noch die Zulässigkeit des Schwangerschaftsabbruchs insgesamt in Frage stellen würde. Eine restriktivere Ausgestaltung des pränatalen Schutzes, etwa durch ein Verbot vorgeburtlicher Untersuchungen, die der Abklärung einer unheilbaren Erkrankung dienen, würde die gegenwärtige Regelung des Schwangerschaftsabbruchs vielmehr in ihrer Konsistenz bestärken. Denn die Streichung der embryopathischen Indikation und die „verhüllende“[533]

---

529 *Brüning*, JZ 2001, 669 (671); m.w.N.

530 *Kischel* in: Epping/Hillgruber, GG, Art. 3. Rn. 48 ff.

531 *Middel*, Verfassungsrechtliche Fragen der PID, S. 178.

532 BVerfGE 88, 203 (255 ff.).

533 Vgl. *Tröndle*, NJW 1995, 3009 (3015); kritisch dazu auch *Beckmann*, MedR 1998, 155.

Ansiedlung in der medizinischen Indikation würde ihre Inkonsequenz verlieren. Das Resultat einer restriktiveren Regelung der Pränataldiagnostik wäre lediglich, dass selektive und damit wie gesehen von der Verfassung nicht tolerierte Schwangerschaftsabbrüche eingeschränkt würden. Eine Anpassung des § 25 Abs. 1 Nr. 3 i.V.m. § 15 Abs. 1 S. 1 GenDG an § 3a ESchG würde mithin nicht nur in diesem Verhältnis zu einer Harmonisierung führen, sondern auch im Verhältnis zum Abtreibungsstrafrecht.

Gleichwohl kommt als Differenzierungsgrund insbesondere das Recht auf Leben der Mutter in Betracht, da die Schwangerschaft mit einem erkrankten Kind bestimmte Gesundheitsrisiken birgt, die bei einer Untersuchung in vitro noch nicht bestehen. Die vorliegende Regelung ist auch geeignet, diesen Differenzierungsgrund abzubilden. Dass sie jedoch nicht erforderlich ist, zeigen die im Rahmen der Ausführungen zu Art. 2 Abs. 2 S. 1 GG aufgezeigten Möglichkeiten[534], die den Differenzierungsgrund aber in gleicher Weise berücksichtigen. Denn eine Gefahr für das Leben der Mutter könnte durch eine engmaschige Gesundheitskontrolle gewährleistet werden, ohne dabei durch die Zulassung selektiver Untersuchungen in die Rechte des Ungeborenen einzugreifen. Die „gesetzliche Auswirkung darf nicht weiter greifen, als der die Verschiedenbehandlung legitimierende Zweck es rechtfertigt"[535].

Schließlich ist auf die im Rahmen der Ausführungen zum Umfang und Beginn des Lebensschutzes vorgenommene Wertung zu rekurrieren. Ungeborenen soll nicht nur unabhängig von ihren genetischen Eigenschaften, sondern auch unabhängig von ihrem Entwicklungsstand, gleichwertiger Schutz zukommen soll.

4. Ergebnis zum allgemeinen Gleichheitssatz

Die vorstehenden Überlegungen haben gezeigt, dass die gegenwärtige Regelung des § 15 Abs. 1 S. 1 i.V.m. § 25 Abs. 1 Nr. 3 GenDG gegen den allgemeinen Gleichheitssatz verstößt. Es ist kein hinreichender Grund oder eine verfassungsrechtliche Wertung auszumachen, die die vorgefundene Ungleichbehandlung von Ungeborenen in vitro gegenüber jener in vivo rechtfertigen würde.

Nun ist aber mit dem Ergebnis, dass die vorgefundene Ungleichbehandlung nicht gerechtfertigt ist, noch nicht gesagt, wie der Ungleichbehandlung abzuhelfen ist. Man könnte grundsätzlich fordern, den Schutzstandard des GenDG an jenen des ESchG anzupassen und umgekehrt; auch eine Neuregelung beider

---

534 Dazu: 3. Kapitel, C. III. 4.

535 BVerfGE 85, 238 (245).

Normen wäre denkbar.[536] Unter Berücksichtigung der hohen Bedeutung der Gestaltungsfreiheit des Gesetzgebers und dem Grundsatz der Gewaltenteilung kann das Bundesverfassungsgericht grundsätzlich keinen bestimmten Schutzstandard vorschreiben.[537] Allerdings kann diese Ausgangslage vorliegend zumindest insoweit eingeschränkt werden, dass der Ungleichbehandlung nicht dadurch abgeholfen werden kann, den Schutzstandard des ESchG an jenen des GenDG anzupassen, da dieser wie gesehen der aus Art. 2 Abs. 2 S. 1 GG ableitbaren Schutzpflicht nicht gerecht wird.

IV. Ergebnisse zu den Gleichheitsrechten

Die Prüfung des Art. 3 Abs. 3 S. 2 GG hat gezeigt, dass bei isolierter Betrachtung der Untersuchung bzw. deren Regelung keine Benachteiligung wegen einer Behinderung festzustellen ist. Die Inkonsistenz der gegenwärtigen Rechtslage stellt hingegen einen Verstoß gegen den allgemeinen Gleichheitssatz dar.

Hinsichtlich des eingangs dargestellten Vorwurfs eines Wertungswiderspruchs zwischen den Regelungen des ESchG und des GenDG kann die gleichheitsrechtliche Analyse hingegen keinen Ertrag liefern. Ein Wertungswiderspruch der beiden Regelungen wurde im Rahmen der Ausführungen zum Recht auf Leben angenommen, da § 3a ESchG die Wertung des Art. 2 Abs. 2 S. 1 GG jedenfalls zutreffender abbildet als § 25 Abs. 1 Nr. 3 i.V.m. § 15 Abs. 1 S. 1 GenDG. Die Ausführungen zu den Gleichheitsrechten haben aber nicht gezeigt, dass § 3a ESchG der Wertung des allgemeinen Gleichheitssatzes entspricht und § 25 Abs. 1 Nr. 3 i.V.m. § 15 Abs. 1 S. 1 GenDG diese missachtet. Denn eine Ungleichbehandlung könnte auch aus dem Blickwinkel einer Frau mit Kinderwunsch, die nicht von den Ausnahmen des Verbots in § 3a Abs. 1 ESchG profitiert, untersucht werden. Diese Untersuchung könnte zum Ergebnis haben, dass § 3a ESchG ebenfalls gegen den allgemeinen Gleichheitssatz verstößt, weil eine Frau ihren Embryo in vitro nicht untersuchen darf, obwohl dies in vivo zulässig ist. Demgemäß besteht insoweit kein Wertungswiederspruch durch die unterschiedliche Beachtung der verfassungsrechtlichen Wertungen des allgemeinen Gleichheitssatzes.

E. Ergebnis

Im Rahmen des dritten Kapitels wurde die Regelung der Pränataldiagnostik hinsichtlich der Umsetzung übergeordneter verfassungsrechtlicher Wertungen

---

536 *Pieroth/Schlink/Kingreen/Poscher*, Grundrechte, Rn. 539.
537 *Kischel* in: Epping/Hillgruber, GG, Art. 3, Rn. 101.

überprüft werden. Die Ausführungen in diesem Kapitel haben gezeigt, dass der Gesetzgeber mit der Regelung der Pränataldiagnostik in § 25 Abs. 1 Nr. 3 i.V.m. § 15 Abs. 1 S. 1 GenDG, der Art. 2 Abs. 2 S. 1 GG zu entnehmenden Wertung nicht hinreichend nachgekommen ist. Im Hinblick auf die Regelung der Präimplantationsdiagnostik konnte festgestellt werden, dass § 3a ESchG die Wertungen des Art. 2 Abs. 2 S. 1 GG jedenfalls zutreffender abbildet. Dieser konkreten gesetzlichen Inkonsistenz kommt demnach verfassungsrechtliche Relevanz zu. Ob eine widersprüchliche Rechtslage jedoch immer verfassungsrechtliche Relevanz hat, wird erst das nächste Kapitel zeigen.

Im Hinblick auf Art. 3 Abs. 1 GG wurde kein Wertungswiderspruch in diesem Sinne festgestellt. Gleichwohl enthält der allgemeine Gleichheitssatz eine grundrechtliche Wertung, die die vorliegende gesetzliche Inkonsistenz in horizontaler Hinsicht (unmittelbar zwischen dem ESchG und dem GenDG) am passendsten abzubilden vermag. Dem Gebot Gleiches gleich und Ungleiches dem Maß seiner Verschiedenheit entsprechend ungleich zu behandeln, wurde die Legislative im Regelungskomplex der Frühdiagnostik nicht gerecht.

4. Kapitel: Widerspruchsfreiheit der Rechtsordnung

Im folgenden Kapitel soll der unmittelbar zwischen den Regelungen der Präimplantationsdiagnostik und der Pränataldiagnostik in horizontaler Hinsicht bestehenden Wertungswiderspruch, im Hinblick auf ein Gebot der Widerspruchsfreiheit der Rechtsordnung, untersucht werden. Zunächst ist auf den Begriff des Widerspruchs als Kernelement eines Gebots der Widerspruchsfreiheit der Rechtsordnung einzugehen und zu überprüfen, ob die vorgefundene Inkonsistenz die erforderlichen Kriterien erfüllt. Darüber hinaus ist die verfassungsrechtliche Verankerung eines solchen Gebots der Widerspruchsfreiheit zu untersuchen. Denn umstritten ist im Wesentlichen die verfassungsrechtliche Herleitung dieses Gebots. Der Gedanke wird überwiegend entweder dem Rechtstaatsprinzip oder dem Gleichheitsgrundsatz zugeordnet. Entscheidend ist vorliegend nicht nur die verfassungsrechtliche Verankerung des Gebots, sondern auch seine Reichweite – also die Frage, ob der hier thematisierte Widerspruch von dem Gebot erfasst ist.

Unabhängig von der Herleitung des Gebots wird regelmäßig eine Selbstbindung des Gesetzgebers gefordert, nach der einmal getroffene Grundentscheidungen konsequent weiterverfolgt werden müssen.[538]

Der Gedanke der Widerspruchsfreiheit der Rechtsordnung wird in einem weiten Themenkomplex unter den Stichworten „Systemgerechtigkeit“, „Folgerichtigkeit“ oder „Einheit der Rechtsordnung“ diskutiert.[539] Es existieren zwar Ansätze, welche die einzelnen Begriffe abzugrenzen versuchen,[540] die Terminologie bleibt jedoch recht uneinheitlich. Das Bundesverfassungsgericht hat den Gedanken vielfach aufgegriffen, blieb dabei aber selten einer Linie treu und erntete dafür zum Teil herbe Kritik.[541] Seine Ausführungen zum Gebot der Widerspruchsfreiheit wurden gar als „Reise nach Absurdistan“ bezeichnet.[542]

---

538 *Payandeh*, AöR 2011, 579 (581 f.).

539 Ausführlich zur Abgrenzung dieser und weiterer Begriffe: *Dieterich*, Systemgerechtigkeit und Kohärenz, S. 173 ff.

540 Etwa die Einheit der Rechtsordnung als Fundament der Widerspruchsfreiheit der Normgebung und der Systemgerechtigkeit bestimmend: *Kohl*, Das Prinzip der widerspruchsfreien Normgebung, S. 84 ff.

541 Statt vieler: *Sendler*, NJW 1998, 2875.

542 *Sendler*, NJW 1998, 2875.

A. Der Begriff des Widerspruchs

Im Kontext der hier interessierenden Problematik ist überwiegend von Wertungswidersprüchen die Rede. Allerdings soll unter Berücksichtigung der Unterscheidung von Norm und Wert – mithin der Unterscheidung von Normwidersprüchen und Wert(ungs)widersprüchen (auch als axiologische Widersprüche bezeichnet; griech. axion = Wert) nachfolgend der Begriff des Widerspruchs als Oberbegriff verwendet werden.

Der Begriff des Widerspruchs entstammt der Logik und „bezeichnet das Verhältnis zweier Aussagen, die nicht zugleich wahr sein können."[543] Zwar ist umstritten, ob Normen dem Kriterium der Wahrheit zugänglich sind. Denn wenn man davon ausginge, dass eine deskriptive Aussage wahr ist, sofern sie zutreffend ist, kann eine Norm nicht wahr sein, weil sie nicht beschreibt was ist, sondern vorschreibt was sein soll.[544] Teilweise wird deshalb der Begriff des Normkonflikts dem Begriff des Normwiderspruchs vorgezogen.[545] Diese Untersuchung lässt es jedoch bei dem Hinweis auf die Problematik bewenden und behält den überwiegend verwendeten Begriff des Widerspruchs auch im Umgang mit Normen bei. Weiterhin kann aus der Problematik der Begriffsherkunft freilich nicht abzuleiten sein, dass der Umgang mit Normen im „logikfreien Raum" erfolgen kann.[546] Nach Kelsen beispielsweise ergebe sich schon aus den Prinzipien der Logik, dass man nicht „die Geltung einer Norm mit dem Inhalt a und zugleich die Geltung einer Norm mit dem Inhalt non-a"[547] behaupten könne. Das entscheidende Kriterium sei demnach nicht die Wahrheit einer Aussage, sondern in Entsprechung die Geltung der Norm.[548] Nach Kelsen können Normen, die zueinander in einem Widerspruch stehen, nicht zugleich gelten.[549] Die Anerkennung eines Geltungsbegriffs, der etwa die Geltung einer Norm nicht von ihrer Widerspruchsfreiheit abhängig machte, würde nach dem Gesagten also die Anwendbarkeit logischer Folgerungen in der Rechtswissenschaft in Abrede stellen, was offenkundig undenkbar ist.[550]

---

543 *Korioth* in: Maunz/Dürig GG, Art. 31, Rn. 9.
544 Dazu: *Zoglauer*, Normenkonflikte, S. 67 ff.
545 *Felix*, Einheit der Rechtsordnung, S. 245.
546 *Korioth* in: Maunz/Dürig GG, § 31, Rn. 9.
547 *Kelsen*, Reine Rechtslehre, S. 136.
548 Kritisch dazu: *Korioth* in: Maunz/Dürig GG, § 31, Rn. 9.
549 *Kelsen*, Reine Rechtslehre, S. 136 (von dem dieser Beurteilung zugrundeliegenden Geltungsbegriff ist Kelsen später abgewichen).
550 Vgl. *Peine,* Das Recht als System, S. 101.

B. Widerspruchsarten

Allen Widerspruchsarten ist gemein, dass sie nur angenommen werden können, wenn der Normenkonflikt nicht schon durch die anerkannten Kollisionsregeln der Normenhierarchie („lex superior derogat legi inferior"), Zeitenfolge („lex posterior derogat legi priori") und Spezialität („lex specialis derogat legi generali") beseitigt werden konnte.[551] Diese Grundsätze können vorliegend jedoch keine Abhilfe schaffen. Denn die Regelungen stehen auf einer hierarchischen Ebene, eine ausschließliche Geltung des jüngeren § 3a ESchG würde den Widerspruch noch verstärken, und keine der beiden Regelungen konkretisiert schließlich die jeweils andere.

Nachfolgend sollen lediglich logische Widersprüche und Wertungswidersprüche eingehender erörtert werden. Gesetzestechnische, teleologische Widersprüche[552] und Prinzipienwidersprüche[553] haben für die vorliegende Konstellation keine Bedeutung.

I. Logische Widersprüche

Eine Kategorie der Widersprüche wird als „logischer Widerspruch" bezeichnet.[554] Die Begrifflichkeiten „Normwiderspruch"[555] oder „Wertungswiderspruch im engeren Sinn"[556] werden zum Teil synonym verwendet. Der Begriff des Normwiderspruchs ist jedoch insofern missverständlich, dass auch andere Kategorien Konflikte zwischen Normen betreffen. Auf den Begriff des Wertungswiderspruchs ist noch gesondert einzugehen. Mithin soll für diese Kategorie der Begriff des logischen Widerspruchs verwendet werden. Welche gesetzlichen Inkonsistenzen zu dieser Kategorie gehören, wird jedoch nicht einheitlich beurteilt.

Ein logischer Widerspruch liegt nach einhelliger Auffassung jedenfalls dann vor, wenn eine Rechtsnorm eine bestimmte Handlung gebiete, während eine andere Rechtsnorm selbige Handlung verbiete (Handlung X ist durch Norm A geboten und durch Norm B verboten).[557] Denn die so beschriebene Konstellation führt

---

551 *Peine,* Das Recht als System, S. 101.

552 *Engisch*, Einführung in das juristische Denken, S. 140 und 273.

553 *Engisch*, Einführung in das juristische Denken, S. 281.

554 *Peine,* Das Recht als System, S. 102.

555 Bspw.: *Engisch*, Einführung in das juristische Denken, S. 274; *Payandeh*, AöR 2011, 578 (583).

556 *Dieterich*, Systemgerechtigkeit und Kohärenz, S. 191 f.

557 *Larenz*, Methodenlehre der Rechtswissenschaft, S. 335; *Brüning*, NVwZ 2002, 33 (36); *Payandeh*, AöR 2011, 578 (583).

dazu, dass es für den Normadressaten unmöglich ist, sein Verhalten nach den Normen auszurichten, weil diese konträre Handlungsanweisungen erteilen.[558] Diese Art des Widerspruchs wird auch als unvermeidbarer Widerspruch bezeichnet, da der Normadressat gezwungenermaßen rechtswidrig handelt.[559]

Abzulehnen ist hingegen der weniger differenzierte Ansatz von Engisch, nach dem ein „Normwiderspruch" besteht, wenn ein Verhalten „zugleich als geboten und nicht geboten oder als verboten und nicht verboten oder gar als geboten und verboten erscheint"[560]. Denn die ersten beiden Varianten stellen sich als etwas schwächere Divergenzen dar, weil der Normadressat nicht wie zuvor beschrieben unvermeidbar rechtswidrig handelt, sondern den Normbefehl (ungeachtet seiner Sinnhaftigkeit) befolgen kann.[561] Diese Differenz scheint auch Engisch („gar") zu bemerken, ohne jedoch Konsequenzen anzuschließen.

Kann die vorliegende Konstellation nunmehr der Kategorie der unvermeidbaren Widersprüche zugeordnet werden? Wenn man die Regelungswirkung der in Frage stehenden Normen betrachtet, verbietet § 3a Abs. 1 ESchG die Untersuchung von Embryonen (denn diese ist nur im Ausnahmefall zulässig), während § 25 Abs. 1 Nr. 3 i.V.m. § 15 Abs. 1 S. 1 GenDG die Untersuchung von Embryonen nicht verbietet (denn diese ist nur im Ausnahmefall verboten). Die Untersuchung eines Embryos ist also nicht verboten und zugleich geboten, mithin vermeidbar.

Auch wenn man die schwächeren Varianten als logische Widersprüche kategorisierte, kann konstatiert werden, dass diese vorliegend nicht zutreffen. Denn wie gesehen ist gemeinsames Kriterium der vorgenannten Ansätze, dass von „einem Verhalten"[562] oder von „demselben Sachverhalt"[563] ausgegangen wird. Wie im Rahmen des allgemeinen Gleichheitssatzes eingehend erörtert wurde,[564] ist die präimplantive von der pränatalen Diagnostik durchaus unterscheidbar (wenngleich es auf die möglichen Unterscheidungen im Ergebnis nicht ankommen muss). Vom Vorliegen der Voraussetzung „desselben Sachverhalts" zur Kategorisierung des Widerspruchs kann demnach jedenfalls nicht ausgegangen werden.

---

558 Vgl. *Felix,* Einheit der Rechtsordnung, S. 246 f.; *Peine,* Das Recht als System; S. 100.
559 *Felix,* Einheit der Rechtsordnung, S. 244.
560 *Engisch*, Einführung in das juristische Denken, S. 274.
561 *Berghäuser*, Das Ungeborene im Widerspruch, S. 139.
562 *Engisch*, Einführung in das juristische Denken, S. 274.
563 *Brüning*, NVwZ 2002, 33 (36); *Larenz*, Methodenlehre der Rechtswissenschaft, Studienausgabe, S. 223.
564 Dazu bereits: 3. Kapitel, D. III. 2. a).

II. Wertungswidersprüche

Der Begriff des Wertungswiderspruchs enthält zunächst das nicht unproblematische Wort „Wert". Ein Wert wird teilweise als ideales Gebilde (bspw. die Gerechtigkeit)[565] beschrieben, das als „Orientierungsdirektive" fungiert.[566] Werte sind von der Wirklichkeit, mit Verweis auf die schon oft erwähnten Kategorien von Sein und Sollen, zu trennen. Werte gehören damit nicht der wirklichen, sondern der ideellen Welt an.[567] Im Anschluss daran wird der Rechtswert definiert als „ein in Normen vorhandener verbindlicher Maßstab, den der Gesetzgeber zur Auswahl der Verhaltensweisen setzt, die die Rechtsunterworfenen anstreben sollen."[568]

Der Begriff „Wertung" hingegen meint den Akt des Wertens und dessen Ergebnis.[569] Um der Befürchtung vorzubeugen, dass der Akt des „Wertens" ein rein subjektiver ist, kann jedenfalls der Jurist beruhigt sein, da es gerade Aufgabe desselben ist, seinen Akt des Wertens an den Vorgaben der Rechtsordnung zu orientieren, also gewissermaßen zu objektivieren.[570]

Die Rechtsordnung weist gleichwohl ihrerseits insoweit Wertbezogenheit auf, als sie an reinen oder Grundwerten orientiert ist und deren Verwirklichung dienen soll. Gleichfalls nimmt die Rechtsordnung selbst Wertungen vor, indem sie etwa die Vertragsfreiheit einschränkt, um Minderjährige zu schützen. Weniger eindeutige Wertungen werden erst durch Anwendung juristischer Methodik erkennbar. Die Jurisprudenz wird deshalb als weithin „wertorientiertes" Denken bezeichnet.[571]

Wenn also eine Wertung ein Akt des Wertens darstellt, ist ein gesetzlicher Wertungswiderspruch als Divergenz zweier gesetzgeberischer Akte des Wertens zu verstehen. Nicht hingegen als ein (logischer) Konflikt zwischen Werten. Denn dann müsste von Wertwidersprüchen die Rede sein.[572] Wohingegen der Maßstab für den gesetzgeberischen Akt des Wertens freilich ein Wert sein kann. Ein Wertungswiderspruch ist demnach auch ein Normwiderspruch.

---

565 *Engisch*, Einführung in das juristische Denken, S. 197, Fn. 15.

566 *Düwell* et al., in: Düwell et al., Handbuch der Ethik, S. 549.

567 *Kaufmann* in: Kaufmann/Hassemer/Neumann, Einführung in die Rechtsphilosophie und Rechtstheorie der Gegenwart; S. 90 ff.

568 *Peine*, Das Recht als System, S. 95.

569 Vgl. *Engisch*, Einführung in das juristische Denken, S. 197, Fn. 15; *Larenz*, Methodenlehre der Rechtswissenschaft, Studienausgabe, S. 178 f.

570 *Larenz*, Methodenlehre der Rechtswissenschaft, Studienausgabe, S. 179.

571 *Larenz*, Methodenlehre der Rechtswissenschaft, Studienausgabe, S. 103 f. und 177.

572 Vgl. *Peine*, Das Recht als System, S. 103.

Die Kategorie der „Wertungswidersprüche" soll nach Engisch dann vorliegen, wenn „der Gesetzgeber, ohne geradezu in Normwidersprüche zu verfallen, einer von ihm selbst vollzogenen Wertung nicht treu bleibt."[573] Engisch meint mit „Normwiderspruch" die Kategorie des logischen Widerspruchs im oben beschriebenen Sinne. Die Kategorien logischer Widersprüche und jene der Wertungswidersprüche scheinen sich nach dieser Auffassung auszuschließen.[574] Wenn man hingegen davon ausginge, dass Rechtsnormen Wertsetzungen seien,[575] so müssten logische Wiedersprüche regelmäßig mit Wertungswidersprüchen zusammenfallen.

Wertungswidersprüche sind demgegenüber auch denkbar, ohne dass ein logischer Widerspruch vorliegt.[576] Dies wird am folgenden Ansatz deutlich. Von Canaris werden in die Kategorie der Wertungswidersprüche diejenigen Fälle eingeordnet, „in denen die Rechtsordnung in einer Norm an den Tatbestand T_1 die Rechtsfolge R, in einer anderen Norm an den wertungsmäßig im Wesentlichen gleich liegenden Tatbestand T_2 die Rechtsfolge non-R geknüpft hat."[577] Für Wertungswidersprüche wird folglich nur das Kriterium der wertungsmäßigen Gleichheit der Tatbestände, nicht hingegen identische Tatbestände wie beim logischen Widerspruch gefordert.[578] Demnach kann ein Wertungswiderspruch ohne gleichlaufenden logischen Widerspruch bestehen.

Die hier zu untersuchende mögliche Inkonsistenz zwischen ESchG und GenDG kann schließlich der letztgenannten Definition des Wertungswiderspruchs zugeordnet werden. Dass die Tatbestände wertungsmäßig im Wesentlichen gleich liegen, haben die Ausführungen zum allgemeinen Gleichheitssatz gezeigt. Darüber hinaus hat der Tatbestand der Untersuchung eines Embryos in vitro im ESchG (T_1) grundsätzlich eine Bestrafung als Rechtsfolge (R), der Tatbestand der Untersuchung eines Embryos oder Fötus in vivo im GenDG (T_2) grundsätzlich keine Bestrafung als Rechtsfolge (non-R). Gleichfalls ist der Gesetzgeber bei Normierung des § 3a ESchG nicht der Wertung treu geblieben, die er durch § 25 Abs. 1 Nr. 3 i.V.m. § 15 Abs. 1 S. 1 GenDG aufgestellt hat.

Mit der Zuordnung der vorliegenden gesetzlichen Inkonsistenz ist aber noch nicht gesagt, dass diese Widerspruchsart auch von einem etwaigen Gebot der Widerspruchsfreiheit erfasst ist.

---

573 *Engisch*, Einführung in das juristische Denken, S. 277.
574 Vgl. dazu die Darstellung von *Peine*, Das Recht als System, S. 102.
575 So *Peine*, Das Recht als System, S. 95.
576 *Berghäuser*, Das Ungeborene im Widerspruch, S. 140 f.
577 *Canaris*, Systemdenken und Systembegriff in der Jurisprudenz, S. 117.
578 *Berghäuser*, Das Ungeborene im Widerspruch, S. 140 f.

C. Verfassungsrechtliche Herleitung eines Gebots der Widerspruchsfreiheit

I. Rechtsstaatsprinzip

Das Gebot der Widerspruchsfreiheit der Rechtsordnung wird teilweise als eine umfassende Vorgabe für gesetzgeberisches Handeln verstanden, wonach jegliche Widersprüchlichkeit im Rechtsstaat zu vermeiden sein soll. So war etwa das Bundesverfassungsgericht in den viel kritisierten Urteilen zur kommunalen Verpackungssteuer und Landesabfallabgabengesetzen[579] der Auffassung, das Rechtsstaatsprinzip verpflichte „alle rechtsetzenden Organe des Bundes und der Länder, die Regelungen jeweils so aufeinander abzustimmen, daß den Normadressaten nicht gegenläufige Regelungen erreichen, die die Rechtsordnung widersprüchlich machen."[580] Eine Begründung für den Rückgriff auf das so umschriebene und äußerst weit verstandene Gebot der Widerspruchsfreiheit der Rechtsordnung lässt das Gericht allerdings vermissen. Ob das Rechtsstaatsprinzip als Grundlage für dieses Verständnis des Gebots der Widerspruchsfreiheit dienen kann, wird also noch zu zeigen und seine Reichweite gegebenenfalls anzupassen sein.

Zunächst soll also überprüft werden, ob eine Deduktion des Gebots der Widerspruchfreiheit der Rechtsordnung aus dem Rechtsstaatsprinzip möglich ist. Das Rechtsstaatsprinzip ist im Verfassungstext nicht ausdrücklich geregelt (lediglich die Art. 23 Abs. 1 S. 1 GG und 28 Abs. 1 S. 1 GG geben Anhaltspunkte im Wortlaut) und bedarf deshalb in besonderem Maße der Konkretisierung.[581] Schon die rechtliche Bedeutung eines „Prinzips" ist umstritten.[582] Gleichwohl ist das Rechtsstaatsprinzip ein allgemein anerkannter und gängiger Argumentationsgegenstand. Die Existenz des Rechtsstaatsprinzips als „eines der elementaren Prinzipien des Grundgesetzes"[583] soll hier freilich nicht angezweifelt werden. Hingegen bedarf die Herleitung eines Gebots der Widerspruchsfreiheit der Rechtsordnung aus dem Rechtsstaatsprinzip genauerer Betrachtung.

---

579 BVerfGE 98, 83; 98, 106.

580 BVerfG, NJW 1998, 2341 (2342).

581 *Grzeszick* in: Maunz/Dürig GG, Art. 20, Rn. 22.

582 *Sendler*, NJW 1998, 2875.

583 BVerfGE 20, 323 (331).

1. *Die Elemente des Rechtsstaatsprinzips als Grundlage des Gebots der Widerspruchsfreiheit*

Die anerkannten Elemente des Rechtsstaatsprinzips sind insbesondere das Prinzip der Gewaltenteilung (Art. 20 Abs. 2 S. 2 GG), die Gewährleistung der Grundrechte, der Grundsatz der Gesetzmäßigkeit der Verwaltung und der Justiz (Art. 20 Abs. 3 GG), die Unabhängigkeit der Gerichte (Art. 20 Abs. 3 und 97 Abs. 1 GG), der Grundsatz vom Vorbehalt des Gesetzes und freilich der Bestand einer Verfassung selbst (Art. 20 Abs. 3 GG).[584] Diesen Elementen kann allerdings noch kein Gebot der Widerspruchsfreiheit der Rechtsordnung entnommen werden. Ob das Rechtsstaatsprinzip darüber hinaus mehr ist, als die bloße Summe seiner einzelnen Elemente, ist umstritten.[585] Teilweise wird angenommen, dass sich dem Grundgesetz – vornehmlich Art. 20 GG – ein allgemeines Rechtsstaatsprinzip mit eigenem Regelungsgehalt entnehmen lasse. Ein Aspekt dieses eigenständigen Regelungsgehalts sei zumindest die „Reservefunktion" für noch ungelöste rechtliche Problemstellungen.[586] Das allgemeine Rechtsstaatsprinzip setze sich wiederum aus einigen Elementen zusammen. Dazu gehöre die Rechtssicherheit, der Grundsatz der Verhältnismäßigkeit, die Anforderungen an Organisation und Verfahren der Ausübung von Staatsgewalt und Vorgaben für die Staatshaftung.[587] Hier soll nur der Aspekt der Rechtssicherheit vertieft werden. Denn zu diesem Element gehöre neben der Bestimmtheit und dem Vertrauensschutz auch die Klarheit des Rechts. Ein Aspekt der Klarheit des Rechts sei schließlich die Widerspruchsfreiheit.[588] Erst kürzlich hat auch das Bundesverfassungsgericht die „Normenklarheit und Widerspruchsfreiheit" als rechtsstaatlichen Grundsatz bezeichnet.[589] Die Klarheit des Rechts soll gewährleisten, dass der Normadressat die Rechtslage erkennen und sein Verhalten danach ausrichten kann.[590] Erreichten den Normadressaten jedoch widersprüchliche Handlungsanweisungen, wäre Rechtsklarheit – mithin Rechtssicherheit – nicht gegeben.

---

584 *Grzeszick* in: Maunz/Dürig GG, Art. 20, Rn. 22 ff.; viele weitere Elemente bei: *Sobota*, Das Prinzip Rechtsstaat.

585 Kritisch: *Kunig*, Das Rechtsstaatsprinzip, S. 109 f.

586 *Schulze-Fielitz* in: Dreier GG, Art. 20, Rn. 45.

587 *Grzeszick* in: Maunz/Dürig GG, Art. 20, Rn. 49.

588 BVerfGE 17, 306 (314); *Grzeszick* in: Maunz/Dürig GG, Art. 20, Rn. 56; *Sodan/Kluckert*, NVwZ 2013, 241 (241 und 246), m.w.N.

589 BVerfG, NVwZ 2015, 1377 (1379).

590 *Grzeszick* in: Maunz/Dürig GG, Art. 20, Rn. 51 ff.

Diese Herleitung scheint zunächst einzuleuchten. Ein Gebot der Widerspruchsfreiheit der Rechtsordnung als rechtsstaatliches Element wurde demgemäß als „vernünftiges Prinzip“ bezeichnet.[591] Die „Weite und Unbestimmtheit des Rechtsstaatsprinzips“[592] verleitet allerdings dazu, dieses als „Supergenerealklausel“[593] zu missbrauchen. In der Diskussion um die Ausweitung des Rechtsstaatsprinzips ist von Begrifflichkeiten wie „Janusköpfigkeit“[594], „Überstrapazierung“[595] oder gar von einer „grotesken inhaltlichen Überfrachtung“[596] die Rede. Das Bundesverfassungsgericht selbst konstatierte dem Rechtsstaatsprinzip eine in sich selbst angelegte „Gegenläufigkeit“.[597] Mit Recht wird also die Frage gestellt, warum gerade aus einem widersprüchlichen Prinzip ein Gebot der Widerspruchsfreiheit abzuleiten sein soll.[598]

Ein überzeugendes Argument gegen die Herleitung jeglicher Unterprinzipien aus dem Rechtsstaatsprinzip ist ferner, dass die Verankerung des Letzteren regelmäßig in Art. 20 GG gesehen wird, dessen Grundsätze somit von Art. 79 Abs. 3 GG erfasst wären – also der Ewigkeitsgarantie unterlägen.[599]

Vor dem Hintergrund der Vielzahl anerkannter Elemente könne man hingegen davon ausgehen, dass dem Rechtsstaatsprinzip die Deduktion von Unterprinzipien immanent sei. Was eine Ausuferung der Ableitung von Unterprinzipien jedoch nicht zu begründen vermag.[600] Zumal ein umfassendes Gebot der Widerspruchsfreiheit enorme Auswirkungen auf das geltende Recht hätte. Denn es ist von Widersprüchen übersät und würde erhebliche Wirksamkeitseinbußen erleiden. Es kann nicht verfassungsrechtlich geboten sein, was rechtstechnisch nicht möglich ist.[601] Die teilweise Irrationalität der Rechtsordnung ist vielmehr logische Folge des demokratischen Systems.[602]

Überzeugend ist auch der vermittelnde Gedanke, dass ein derart weites Postulat wie das Rechtsstaatsprinzip lediglich einen „Mindeststandard“ festzulegen

---

591 *Bothe*, NJW 1998, 2333 (2333).
592 BVerfG, NJW 1981, 1719 (1722).
593 *Görisch*, JuS 1997, 988 (992).
594 *Kunig*, Das Rechtsstaatsprinzip, S. 472.
595 *Stern* in: Stern, StaatsR, Bd. I, S. 782.
596 *Sobota*, Das Prinzip Rechtsstaat, S. 13.
597 BVerfG, NJW 1981, 1719 (1722).
598 *Sendler*, NJW 1998, 2875.
599 *Stern* in: Stern, StaatsR, Bd. I, S. 867 f.
600 *Dieterich*, Systemgerechtigkeit und Kohärenz, S. 333 m.w.N.
601 In diesem Sinne: *Bumke*, Der Staat 49 (2010), S. 77 (96).
602 *Kischel* in: Kube et al., Leitgedanken des Rechts, Band I, § 34, Rn. 17 f.

vermag, nicht jedoch zur Realisierung eines Optimalzustands herangezogen werden kann. Denn die Vielgestaltigkeit des Rechtsstaatsprinzips kann nicht auf bloß einen richtigen Gedanken reduziert werden.[603]

Die Bedenken gegen ein Gebot der Widerspruchsfreiheit nach dem eingangs dargestellten Verständnis des Bundesverfassungsgerichts wiegen schwer. Eine überzeugende Begründung eines solch umfassenden Gebots der Widerspruchsfreiheit der Rechtsordnung ist nicht ersichtlich und kann an dieser Stelle nicht geleistet werden.

Anknüpfend an den Gedanken des „Mindeststandards" bleibt das Rechtsstaatprinzip aber im Hinblick auf die Widerspruchsfreiheit der Rechtsordnung nicht gänzlich ohne Relevanz. Die Rechtssicherheit als zentraler Aspekt und allseits anerkanntes Element des Rechtsstaatsprinzips enthält wie gesehen das Gebot der Normenklarheit. Diese ist nur schwer vom Grundsatz der Bestimmtheit zu trennen bzw. weist erhebliche Überschneidungen auf.[604] Zwar musste der Normenklarheit als Grundlage für ein umfassendes Gebot der Widerspruchsfreiheit der Rechtsordnung nach dem eingangs beschriebenen Verständnis eine Absage erteilt werden. Als Grundlage eines „Mindeststandards" an Widerspruchsfreiheit mag die Klarheit des Rechts aber möglichweise fungieren.

Die Klarheit des Rechts sei nach der Auffassung einiger aufzuspalten in eine Klarheit im engen und in einem weiteren Sinne.[605] Die Klarheit des Rechts im engeren Sinne meint die konkrete sprachliche Fassung einer Regelung. Normenklarheit in einem weiteren Sinne meint die Verständlichkeit einer Regelung im Kontext der Gesamtrechtsordnung. Es mache für den Normadressaten keinen Unterschied, ob die sprachliche Fassung der Norm unklar sei oder ihre Bedeutung im Kontext. Der Normadressat muss in der Lage sein, zwischen geboten und verboten, rechtmäßig und rechtswidrig unterscheiden zu können.[606] Kann er dies nicht, wäre wiederum die für die Rechtssicherheit unabdingbare Autorität und Funktionsfähigkeit der Rechtsordnung gefährdet.[607] Aus diesen Gründen besteht weitgehend Einigkeit, dass das Rechtsstaatsprinzip Widerspruchsfreiheit im Sinne eines „Mindeststandards" gebietet.[608]

---

603 *Breuer* in: Schmidt-Aßmann et al., FG 50 Jahre Bundesverwaltungsgericht, 223 (233).

604 *Grzeszick* in: Maunz/Dürig GG, Art. 20, Rn. 58.

605 *Felix*, Einheit der Rechtsordnung, S. 241; *Berghäuser*, Das Ungeborene im Widerspruch, S. 148 ff.

606 *Höpfner*, Die systemkonforme Auslegung, S. 51.

607 *Dieterich*, Systemgerechtigkeit und Kohärenz, S. 340.

608 *Jarass* in: Jarass/Pieroth GG, Art. 20, Rn. 63; *Grzeszick* in: Maunz/Dürig GG, Art. 20, Rn. 56; *Dieterich*, Systemgerechtigkeit und Kohärenz, S. 340.

2. *Umfang des rechtsstaatlichen Gebots der Widerspruchsfreiheit*

Die verschiedenen Widerspruchsarten sollen nunmehr unter Anwendung des sogenannten „Befolgungs- bzw. Verletzungstests“[609] beispielhaft den genannten Kriterien zugeführt werden, um schließlich festzustellen, ob das Rechtsstaatsprinzip dem Wertungswiderspruch zwischen dem ESchG und dem GenDG entgegensteht.

Ein unvermeidbarer logischer Widerspruch läge vor, wenn genetische Untersuchungen in vivo geboten und verboten wären, da der Normadressat auf dieser Grundlage unvermeidbar rechtswidrig handeln würde. Wären genetische Untersuchungen in vivo verboten und erlaubt, läge ein vermeidbarer logischer Widerspruch vor, da der Normadressat bei Nichtvornahme der Untersuchung rechtmäßig handeln würde. Wären genetische Untersuchungen in vitro verboten und in vivo geboten, könnte der Normadressat rechtmäßig handeln, wenn er die Untersuchung in vitro nicht vornimmt und in vivo vornimmt. Wären genetische Untersuchungen schließlich in vitro verboten und in vivo erlaubt, würde der Normadressat rechtmäßig handeln, wenn er in vitro keine Untersuchung vornimmt, während er in vivo zwischen Nichtvornahme und Vornahme wählen könnte.

Diese Darstellung verdeutlicht nochmals die Unterschiede zwischen den einzelnen Widerspruchsarten. Es ist eine Abschwächung der Inkonsistenz der Widersprüche in der vorstehenden Reihenfolge festzustellen.

Wie im ersten Beispiel deutlich wird, hat der Normadressat keine Möglichkeit sich normgemäß zu verhalten. Vornahme und Nichtvornahme vorgeburtlicher genetischer Untersuchungen wären gleichfalls rechtswidrig nach der jeweils anderen Norm. Die grundlegende Funktion des Rechts – nämlich menschliches Verhalten zu regulieren – wird ad absurdum geführt wird, wenn der Normadressat sein Verhalten nicht nach den Normen ausrichten kann, weil diese widersprüchliche Handlungsanweisungen erteilen.[610] Sie verstoßen gegen den angesprochenen „Mindeststandard“ der Widerspruchsfreiheit der Rechtsordnung. Mit Recht werden demnach unvermeidbare logische Widersprüche, bei denen der Normadressat gezwungenermaßen rechtswidrig handelt, nach herrschender Meinung als verfassungswidrig eingestuft.[611]

609 *Felix*, Einheit der Rechtsordnung, S. 245, m.w.N.

610 Vgl. *Felix*, Einheit der Rechtsordnung, S. 246 f.; *Peine*, Das Recht als System; S. 100.

611 *Grzeszick* in: Maunz/Dürig GG, Art. 20, Rn. 56 m. w. N.; *Larenz*, Methodenlehre der Rechtswissenschaft, S. 335; *Brüning*, NVwZ 2002, 33 (36); *Payandeh*, AöR 2011, 578 (583).

Die Kategorie der vermeidbaren logischen Widersprüche siedelt sich hinter den unvermeidbaren an. Den beiden Alternativen ist zunächst gemein, dass die Inkonsistenzen der widersprüchlichen Regelungen denselben Sachverhalt bzw. dasselbe Verhalten betreffen. Für den Normadressaten besteht bei vermeidbaren logischen Widersprüchen zumindest eine nicht rechtswidrige Handlungsoption. Im Beispiel kann sich der Normadressat durch die Nichtvornahme der erlaubten und zugleich verbotenen vorgeburtlichen genetischen Untersuchung normgemäß verhalten, da die Nichtvornahme einer erlaubten Handlung rechtmäßig wäre, zugleich aber das zwingende Verbot befolgt würde. Im Unklaren bliebe allerdings die Sinnhaftigkeit der Regelung, die vorgeburtliche genetische Untersuchungen erlaubt. Im Übrigen wäre die erforderliche Klarheit aber – insbesondere im Hinblick auf die Verhaltenssteuerungsfunktion – vorhanden.[612]

So verhält es sich auch bei Wertungswidersprüchen, bei denen es sich wie gesehen um die widersprüchliche Regelung wertungsmäßig gleicher Tatbestände handelt. Ein Wertungswiderspruch wird dem Normadressaten als bloße „Unebenheit“[613] im System unter Umständen nicht einmal auffallen. Wertungswidersprüche müssen nach den rechtstaatlichen Vorgaben also grundsätzlich hingenommen werden.[614] Dies scheint insbesondere der Fall zu sein, wenn die Regelungen weit auseinander liegende Materien betreffen oder mit großem zeitlichen Abstand erlassen wurden.[615] Die Verhaltenssteuerungsfunktion des Rechts wird nicht beeinträchtigt[616] und eine die Geltungskraft gefährdende Infragestellung des Normbefehls wird ein Wertungswiderspruch regelmäßig nicht bewirken.[617] Die Beeinträchtigung der sozialen Wirksamkeit, mithin der Autorität und Funktionsfähigkeit der Rechtsordnung erreicht danach kein das Rechtsstaatsprinzip verletzendes Maß.[618] Man könnte sogar der Auffassung sein, dass die Nichtigkeit einer widersprüchlichen Norm dem rechtsstaatlichen Element der Rechtsicherheit zuwiderlaufe. Denn die Rechtssicherheit gebietet, gesetztes Recht auch bei Unrichtigkeit desselben anzuwenden.[619]

---

612 Vgl. *Berghäuser*, Das Ungeborene im Widerspruch, S. 150.

613 *Kunig*, Das Rechtsstaatsprinzip, S. 341.

614 So im Ergebnis *Jarass*, AöR 2001 (126), 588 (593).

615 *Larenz*, Methodenlehre der Rechtswissenschaft, Studienausgabe, S. 223, Fn. 45.

616 *Berghäuser*, Das Ungeborene im Widerspruch, S. 151 f.

617 *Bumke*, Relative Rechtswidrigkeit, S. 82.

618 *Dieterich*, Systemgerechtigkeit und Kohärenz, S. 340 f.

619 So etwa: *Höpfner*, Die systemkonforme Auslegung, S. 52.

3. *Ergebnis*

Abschließend lässt sich also resümieren, dass eine überzeugende Herleitung eines umfassenden Gebots der Widerspruchsfreiheit der Rechtsordnung aus dem Rechtsstaatsprinzip nicht gelungen ist. Das rechtsstaatliche Prinzip der Normenklarheit, verstanden als „Mindeststandard" der Widerspruchsfreiheit, entfaltet lediglich Relevanz für logische Widersprüche. Für die hier zu problematisierende Kategorie der Wertungswidersprüche vermag das Rechtsstaatsprinzip hingegen keine Wirkung zu entfalten. Das Rechtsstaatsprinzip ist für die Prüfung eines Wertungswiderspruchs „inhaltsleer".[620] Das Postulat Widerspruchsfreiheit der Rechtsordnung wird insoweit lediglich als „Leitlinie gelungener Gesetzgebung" verstanden[621].

Ob die Kategorie der Wertungswidersprüche verfassungsrechtlich schlicht hinzunehmen ist[622], wird jedoch erst die Analyse des Gleichheitsgrundsatzes zeigen.

II. Gleichheitsgrundsatz

Größere Anerkennung erlangte im verfassungsrechtlichen Schrifttum der Gedanke, dass das Gebot der Widerspruchsfreiheit in Art. 3 Abs. 1 GG verankert sei (eine Bindung des Gesetzgebers an Art. 3 Abs. 1 GG ergibt sich aus Art. 1 Abs. 3 GG).[623] Dem liegt das allgemein anerkannte Verständnis des Art. 3 Abs. 1 GG zugrunde, nach dessen grundlegender Gerechtigkeitsidee „Gleiches gleich und Ungleiches nach dem Maß seiner Verschiedenheit ungleich" behandelt werden muss.[624] Fraglich ist nunmehr, ob bzw. in welchem Umfang sich dieses Postulat für den Umgang mit widersprüchlichen Normen fruchtbar machen lässt. Ein Gleichheitsverstoß liegt nach einer Ausformung dieses Ansatzes vor, wenn der Gesetzgeber etwa durch die Regelung einer Fallgruppe dem eigenen System zuwider handelt.[625] Das Bundesverfassungsgericht vertritt allerdings in ständiger Rechtsprechung die Ansicht, dass eine Systemwidrigkeit zwar einen

---

620 *Kunig*, Das Rechtsstaatsprinzip, S. 341.

621 *Huster/Rux* in: Epping/Hillgruber GG, Art. 20, Rn. 183.1.

622 So *Engisch*, Einführung in das juristische Denken, S. 279, mit Verweis auf RGSt 68, 410.

623 *Osterloh/Nußberger* in: Sachs GG, Art. 3, Rn. 98; *Pietzcker* in: Merten/Papier Handbuch der Grundrechte, Bd. V, § 125 Rn. 23 ff.; Canaris, Systemdenken und Systembegriff in der Jurisprudenz, S. 16; *Brüning*, NVwZ 2002, 33 (35) m.w.N.

624 *Canaris*, Systemdenken und Systembegriff in der Jurisprudenz, S. 16.

625 *Kischel* in: Epping/Hillgruber, GG, Art. 3, Rn. 95.

Gleichheitsverstoß indizieren könne, für sich genommen jedoch nicht schon gegen Art. 3 Abs. 1 GG verstoße.[626] Fraglich ist in diesem Zusammenhang insbesondere, welche Norm oder Wertung den entscheidenden Maßstab oder das System konstituieren soll.

Die Heranziehung einfachgesetzlicher Normen scheidet zumindest dann als Maßstab aus, wenn ein verfassungsrechtliches tertium comparationis auszumachen ist. Denn wenn eine verfassungsrechtlich umstrittene Regelung als bindend angesehen würde, liefe man Gefahr, eine gegebenenfalls verfassungswidrige Wertung in anderen Normierungen zu verfestigen.[627] Auch diese Schlussfolgerung führt zu der Annahme, dass § 25 Abs. 1 Nr. 3 i.V.m. § 15 Abs. 1 S. 1 GenDG nicht an § 3a ESchG (oder anders herum) zu messen ist, sondern allein an den verfassungsrechtlichen Vorgaben.

Demgegenüber würde die Heranziehung einer verfassungsrechtlichen Norm als tertium comparationis für die inkonsistenten Regelungen keinen Mehrwehrt zu der gängigen separaten Kontrolle der jeweiligen Regelung anhand der herkömmlichen Verfassungsgrundsätze bedeuten.

Wenn im Rahmen von Rationalitäts- und Folgerichtigkeitserwägungen das System als Maßstab herangezogen wird, stellt sich insbesondere die Frage, wann ein System besteht. Dies ist nach überzeugender Ansicht rational nicht begründbar, da in einer Rechtsordnung, in der die Legislative die Möglichkeit haben soll Gesetze zu ändern, nicht ohne weiteres behauptet werden könne, eine ältere Norm konstituiere ein System, dem die jüngere Norm widerspreche.[628] Für eine klare Einordnung einzelner Normen als systemkonform bzw. –widrig müsste von einer Art „typenreinen" System ausgegangen werden. Realistischer erscheint jedoch die Annahme eines Systems mit vielen unterschiedlichen Wertungen (oder vieler Systeme mit je eigenen Wertungen).[629] Es ist deshalb auch denkbar, die jeweilige Norm als Teil eines eigenen Systems und mit der dazugehörigen Wertung vereinbar und zugleich der Wertung eines anderen Systems widersprechend anzusehen.[630] Gleichwohl dürfte sich die Abgrenzung der einzelnen Systeme ebenso schwierig gestalten.

Daran anschließend wird eine ungerechtfertigte Ungleichbehandlung, mithin eine Verletzung des Art. 3 Abs. 1 GG, nicht schon bei einer bloßen Systemwidrigkeit angenommen. Denn wenn jedwede Systemwidrigkeit nach Art. 3 Abs. 1 GG

---

626 BVerfGE 122, 1 (36).
627 *Berghäuser*, Das Ungeborene im Widerspruch, S. 168 f.
628 *Pöschl*, Gleichheit vor dem Gesetz, S. 293 f.
629 *Kischel* in: Epping/Hillgruber, GG, Art. 3, Rn. 96.
630 *Payandeh*, AöR 2011, 579 (590).

nichtig wäre, könnte der Gesetzgeber das Rechtssystem nicht dem Wandel der Zeit anpassen und es würde gewissermaßen „versteinern".[631] Dementsprechend käme ein Gebot der Widerspruchsfreiheit in Art. 3 Abs. 1 GG auch mit dem Demokratieprinzip in Konflikt.[632] Hinzu tritt eine überzeugende tatsächliche Erwägung, nach der an den parlamentarischen Willensbildungsprozess nicht dieselben Rationalitätsanforderungen wie an eine wissenschaftliche Argumentation gestellt werden können, da in der politischen Auseinandersetzung Kompromisse unerlässlich seien. Politische Kompromisse könnten aber nicht gefunden und Gesetze nicht an die sich wandelnden Gegebenheiten angepasst werden, wenn Systemreinheit gefordert werde.[633] Die ungerechtfertigte Ungleichbehandlung in den Blick nehmend, kommen einige deshalb zu der Auffassung, es sei ausreichend Art. 3 Abs. 1 GG in seiner originären Funktion als Grundrecht zu sehen und den Gleichheitsgrundsatz nicht mit einer Funktion zur Verfolgung eines Normsetzungsideals zu überladen.[634] Entscheidend sei lediglich der herkömmliche Maßstab der Sachgerechtigkeit. Dieser könne allerdings auch bei systemwidrigen Normen eingehalten sein und bei systemkonformen sei gleichfalls Sachwidrigkeit denkbar.[635]

Schließlich gilt es zu beachten, dass ein zu allgemein verstandenes Gebot der Widerspruchsfreiheit der Rechtsordnung zu einer – wegen des Grundsatzes der Gewaltenteilung bedenklichen – Verschärfung der verfassungsgerichtlichen Kontrolle des Gesetzgebers führen würde.[636]

In Anbetracht der dargestellten Argumente gegen das Gebot der Widerspruchsfreiheit der Rechtsordnung auf Grundlage des Gleichheitssatzes muss diesem eine Absage erteilt werden. Zu erwähnen bleibt jedoch noch eine – auch vom Bundesverfassungsgericht beschriebene[637] – mögliche Indizwirkung einer Systemwidrigkeit für einen Gleichheitsverstoß. Teilweise wird angenommen, Systemwidrigkeit begründe eine „widerlegbare Vermutung" eines Gleichheitsverstoßes.[638] Dies sei eine Beweislastumkehr zulasten des Gesetzgebers.[639] Dies wird damit begründet,

631 *Höpfner*, Die systemkonforme Auslegung, S. 45.
632 *Kischel* in: Epping/Hillgruber, GG, Art. 3, Rn. 96.
633 *Dreier*, Bioethik, S. 71 ff.
634 *Bumke*, Relative Rechtswidrigkeit, S. 81; *Dieterich*, Systemgerechtigkeit und Kohärenz, S. 450 f.
635 *Dieterich*, Systemgerechtigkeit und Kohärenz, S. 450.
636 Wertungsfrei: *Bumke*, Der Staat 2010, 77 (79 f.).
637 BVerfGE 122, 1 (36).
638 *Degenhart*, Systemgerechtigkeit und Selbstbindung des Gesetzgebers als Verfassungspostulat, S. 22.
639 *Fuss*, JZ 1959, 329 (334).

dass Systemwidrigkeiten regelmäßig mit Gleichheitsverstößen zusammenfielen.[640] Vorschnelle Schlüsse von einer Systemwidrigkeit auf einen Gleichheitsverstoß müssten jedoch vermieden werden. Deshalb sei eher von einem „methodischen Hilfsmittel“ als von einer Beweislastumkehr auszugehen.[641]

D. Ergebnis

Nach alledem kann der Verfassung kein umfassendes Gebot der Widerspruchsfreiheit entnommen werden. Lediglich logische Widersprüche werden durch das Rechtsstaatsprinzip erfasst. Für den vorliegend zu beurteilenden Widerspruch vermag das Rechtsstaatsprinzip aber keinen Ertrag zu liefern. Der allgemeine Gleichheitssatz entfaltet lediglich durch seinen herkömmlichen Grundrechtsgehalt Wirkung.

---

640 *Dieterich*, Systemgerechtigkeit und Kohärenz, S. 452, der diesem Umstand aber nur eine Hinweisfunktion beimisst.

641 *Dieterich*, Systemgerechtigkeit und Kohärenz, S. 453 f.

5. Kapitel: Abschließende Überlegungen

A. Zusammenfassung

Die vorstehende Analyse hat gezeigt, dass der Vorwurf eines Wertungswiderspruchs zwischen dem ESchG und dem GenDG durchaus verfassungsrechtliche Relevanz entfaltet. Denn die Inkonsistenz beinhaltet eine divergierende Berücksichtigung der Wertung des Art. 2 Abs. 2 S. 1 GG, da es ein wesentlicher Teilgehalt des Rechts auf Leben ist, eine willkürliche Unterscheidung von lebenswertem und -unwertem Leben und eine auf dieser Unterscheidung beruhende Selektion zu verhindern. Unter Anerkennung dieser Wertung kommt lediglich die Kernverschmelzung als Zeitpunkt für den Schutzbeginn in Betracht, denn ab diesem beginnt die kontinuierliche Entfaltung individuellen menschlichen Potentials. Die Fixierung dieses Zeitpunktes, der rein deskriptiven und damit nahezu wertungsfreien Erkenntnissen entspringt, bildet das Telos des Art. 2 Abs. 2 S. 1 GG am treffendsten ab. Die liberale Regelung der Pränataldiagnostik stellt zwar keinen Eingriff in das Grundrecht auf Leben Ungeborener dar, gleichwohl resultiert aus der Regelung eine Rechtslage, die zu einer Lebensgefährdung Ungeborener durch Private führt. Insbesondere wegen der Irreversibilität einer Verletzung des Rechtsguts Leben sind Gefährdungen ausnahmsweise Grundrechtsbeeinträchtigungen gleichzusetzen, die eine staatliche Schutzpflicht auszulösen vermögen. Der Umfang der staatlichen Schutzpflicht konnte schließlich unter Berücksichtigung der entgegenstehenden Rechte der Eltern konkretisiert werden. Diesen Anforderungen kann die gegenwärtige Regelung allerdings trotz des Gestaltungsspielraums des Gesetzgebers nicht gerecht werden. Eine Anpassung der gegenwärtigen Rechtslage unter Beachtung der Wertung des Art. 2 Abs. 2 S. 1 GG würde nicht nur zu einer Harmonisierung des Verhältnisses zum ESchG führen, sondern auch die unvollständige Streichung der embryopathischen Indikation komplettieren, mithin die Konsistenz des Abtreibungsstrafrechts unterstützen.

Das direkte Verhältnis der Regelungen zur präimplantiven und pränatalen Diagnostik und deren Inkonsistenz wird durch den allgemeinen Gleichheitssatz dergestalt erfasst, dass durch den Vergleich des Schutzes Ungeborener in vitro und in vivo das Vorliegen einer ungerechtfertigten legislativen Ungleichbehandlung von wesentlich Gleichem bestätigt wurde. Dabei spielt die im Rahmen der Ausführungen zum Recht auf Leben herausgearbeitete Wertung eine nicht unerhebliche Rolle. Denn nicht nur die tatsächliche Vergleichbarkeit der Vergleichssubjekte, sondern auch die verfassungsrechtliche Grundannahme des vollen und gleichwertigen Lebensrechts ab der Kernverschmelzung fließen in die gleichheitsrechtlichen Erwägungen mit ein.

Verfassungsrechtliche Relevanz entfaltet die Inkonsistenz der Regelungen zur Frühdiagnostik, die als vermeidbare Inkonsistenz und als Wertungswiderspruch zu kategorisieren ist, hingegen nicht dadurch, dass sie gegen das rechtsstaatliche Prinzip der Normenklarheit, in seiner Ausformung als Verbot logischer Widersprüche verstößt. Denn der durch das Rechtsstaatsprinzip gewährleistete Mindeststandard an die Widerspruchsfreiheit der Rechtsordnung ist durch die hier untersuchte Inkonsistenz nicht betroffen. Ein umfassenderes Gebot der Widerspruchsfreiheit der Rechtsordnung ist auch dem Gleichheitsgrundsatz nicht zu entnehmen.

B. Änderungsvorschläge

Eine verfassungskonforme Auslegung des „medizinischen Zwecks“ in § 25 Abs. 1 Nr. 3 i.V.m. § 15 Abs. 1 S. 1 GenDG konnte insbesondere wegen Art. 103 Abs. 2 GG nicht dergestalt erfolgen, dass etwa eine Begrenzung der Zulässigkeit auf Maßnahmen mit therapeutischem Nutzen vorgenommen wurde. Bei einer Neuregelung wären die verfassungsrechtlichen Vorgaben hingegen zu beachten. Besonderes Augenmerk wäre dabei auf die Vermeidung selektiver Pränataldiagnostik zu legen. Denn die verfassungsrechtliche Analyse hat gezeigt, dass dies ein wesentlicher Teilgehalt des Art. 2 Abs. 2 S. 1 GG ist, den es durch entsprechende Regelungen zu schützen gilt. Als selektiv sind, wie dargestellt, insbesondere genetische Untersuchungen einzustufen, deren Informationsgehalt nicht im Interesse des Ungeborenen genutzt werden kann. Da eine pauschale Einordnung aller Verfahren, die auf die Abklärung nicht behandelbarer Erkrankungen abzielen, in diesen Bereich aber sachwidrig wäre, sind Ausnahmeregelungen zu erwägen.

Eine Neuregelung der Pränataldiagnostik nach dem Vorbild des § 3a ESchG scheidet allerdings von vornherein aus, weil die Systematik des GenDG dies nicht zuließe. Denn alle strafbewehrten Regelungen des GenDG werden durch § 25 GenDG gebündelt. Eine isolierte Strafvorschrift in § 15 GenDG würde aus dieser Systematik herausfallen. Demnach bietet es sich an, die bestehende Regelung dergestalt zu verändern, dass sie sich in die bestehende Systematik des GenDG einfügt.

Für die Änderung der Begrifflichkeit des „medizinischen Zwecks“ könnte eine weitere systematische Erwägung sprechen. Wie dargestellt, führt der Begriff unter anderem dadurch zu Schwierigkeiten, dass er zumindest auch als systematisierende Abschnittsüberschrift im Sinne der Anwendungsbereichseinteilung des § 2 Abs. 1 GenDG fungiert. Der Gesetzgeber wollte aber durchaus eine Begrenzung vorgeburtlicher genetischer Untersuchungen durch die Verwendung des Begriffs vornehmen, die lediglich nicht die von Art. 2 Abs. 2 S. 1 GG vorgegebene Schutzintensität erreicht. Eine Änderung des Begriffs des „medizinischen Zwecks" könnte demnach auch zu einer Klärung des Streits um die systematisch missverständliche Verwendung beitragen.

Im Hinblick auf die Vorgaben des Art. 2 Abs. 2 S. 1 GG könnte man in Betracht ziehen, den Begriff des „medizinischen Zwecks" durch jenen des „therapeutischen Zwecks" zu ersetzen. Systematisch einheitlicher wäre jedoch neben der Streichung der „medizinischen Zwecke" die Einfügung der „therapeutischen Zwecke" in Anlehnung an § 14 Abs. 1 Nr. 1 GenDG vorzunehmen.

Für eine Neuregelung in diesem Sinne spricht auch, dass nach dem hier vertretenen Verständnis der Begriff des „medizinischen Zwecks" in § 15 Abs. 1 S. 1 GenDG mit dem in § 3 Nr. 6 GenDG gleichzusetzen ist. Eine vorgeburtliche genetische Untersuchung wäre auch nach der Streichung des Begriffs aus dem Normtext weiterhin nur zu medizinischen Zwecken im Sinne des § 3 Nr. 6 GenDG zulässig ist, weil sich dies aus der Systematik zwingend ergibt. Denn § 15 GenDG ist Teil des zweiten Abschnitts des GenDG, der genetische Untersuchungen zu medizinischen Zwecken regelt. Eine deklaratorische Erwähnung im Normtext wäre wie in § 14 Abs. 1 GenDG möglich, aber nicht nötig.

Zu beachten ist ferner, dass auch die Diagnose einer grundsätzlich therapierbaren Erkrankung für eine selektive Tötung ungeborenen Lebens missbraucht werden kann. Diese Problematik könnte in Anlehnung an § 15 Abs. 1 S. 2 GenDG zumindest abgemildert werden, indem das Testergebnis erst nach Ablauf der zwölften Schwangerschaftswoche mitgeteilt werden darf.

Die schützenswerten Belange der Eltern, namentlich das vom Selbstbestimmungsrecht der Eltern erfasste Interesse auf die Vorbereitung auf ein Leben mit einem erkrankten Kind oder eine nicht anders abzuwendende Gefahr für das Leben der Mutter sind ebenfalls zu berücksichtigen. Dies könnte in Anlehnung an die Regelung des § 3a Abs. 3 Nr. 2 ESchG durch die Einsetzung einer Ethikinstanz erfolgen, deren Tätigwerden aber etwa wie die Schwangerschaftskonfliktberatung kurzfristig gewährleistet werden müsste. Dafür käme möglicherweise ein entsprechend qualifizierter Arzt in Betracht.

Schließlich wäre auch zu berücksichtigen, dass sich Erkrankungen des Embryos in unterschiedlicher Intensität auf die Gesundheit der Mutter auswirken können. Dieser Aspekt kann durch die Errichtung eines routinemäßigen Kontrollsystems erreicht werden.

Wenn durch eine Neuregelung der Zugang zu dem einen selektiven Schwangerschaftsabbruch ermöglichenden Wissen erheblich erschwert wird, muss die individuelle und gesellschaftliche Ablehnung kranken Nachwuchses, der nun grundsätzlich nicht mehr durch Tötung begegnet werden kann, mit geeigneten Maßnahmen kompensiert werden. Dabei ist an finanzielle und betreuerische Unterstützung zu denken. Im Hinblick auf die gesellschaftlichen Auswirkungen wären inklusive Schulmodelle oder ähnliche Initiativen zu stärken. Auch die Möglichkeit der vollständigen Abgabe des Kindes in Betreuungseinrichtungen muss zu guter Letzt gewährleistet sein, um dem vermeintlich einfacheren Mittel der Tötung eine Alternative vorzuhalten.

§ 15 Abs. 1 GenDG könnte nach alledem wie folgt lauten:

Genetische Untersuchungen dürfen vorgeburtlich nur vorgenommen werden, soweit

1. die Untersuchung auf bestimmte genetische Eigenschaften des Embryos oder Fötus abzielt, die nach dem allgemein anerkannten Stand der Wissenschaft und Technik seine Gesundheit während der Schwangerschaft oder nach der Geburt beeinträchtigen, oder wenn eine Behandlung des Embryos oder Fötus mit einem Arzneimittel vorgesehen ist, dessen Wirkung durch bestimmte genetische Eigenschaften beeinflusst wird und die Schwangere nach § 9 aufgeklärt worden ist und diese nach § 8 Abs. 1 eingewilligt hat, und
2. die Untersuchung nach dem allgemein anerkannten Stand der Wissenschaft und Technik erforderlich ist, um eine genetisch bedingte Erkrankung oder gesundheitliche Störung des Embryos oder Fötus zu vermeiden oder zu behandeln oder dieser vorzubeugen.

Werden anlässlich einer Untersuchung nach Satz 1 oder einer sonstigen vorgeburtlichen Untersuchung genetische Eigenschaften einschließlich des Geschlechts festgestellt oder eine Wahrscheinlichkeit für das Vorliegen genetischer Eigenschaften ermittelt, kann dies der Schwangeren mit ihrer Einwilligung nach Ablauf der zwölften Schwangerschaftswoche mitgeteilt werden.

Des Weiteren wäre das Einfügen eines Absatzes zur Einsetzung einer Ethikinstanz erforderlich, der wie folgt lauten könnte:

Eine genetische Untersuchung die nicht der Maßgabe des Absatz 1 Nr. 2 entspricht, darf ausnahmsweise vorgenommen werden, soweit ein dafür zugelassener Arzt eine zustimmende Bewertung abgegeben hat.

Die Anforderungen an die Qualifikation des zugelassenen Arztes im Sinne dieses Absatzes könnten durch eine Richtlinie der Gendiagnostikkommission bestimmt werden. Dies würde wiederum eine entsprechende Ergänzung des § 23 Abs. 2 Nr. 2 GenDG erforderlich machen.

Die starre Altersgrenze des § 15 Abs. 2 GenDG, die wegen der uneinheitlichen biologischen Voraussetzungen nicht unproblematisch ist,[642] könnte bei einer Umsetzung der vorgenannten Änderungsmöglichkeiten entfallen.

642 *Kreß*, ZRP 2011, 68 (68 f.); *Joerden/Uhlig* in: Steger/Ehm/Tchirikov, Pränatale Diagnostik und Therapie in Ethik, Medizin und Recht, S. 102.

Literaturverzeichnis

Achermann, S. / *Addor,* Marie-Claude / *Schinzel,* Albert, Data on selected prenatal malformations in the EUROCAT study: Results of Zurich Canton from 1988 to 1997, Schweizerische medizinische Wochenschrift 2000, S. 1326 ff.

Alexy, Robert, Theorie der Grundrechte, 5. Auflage, Frankfurt a. M. 2006

Anderheiden, Michael, „Leben" im Grundgesetz, KritV 2001, S. 353 ff.

Aurenque, Diana / *Wiesing,* Urban, Androgenitales Syndrom: Ethisches Dilemma einer Therapie, Deutsches Ärzteblatt 2012, Jg. 109, Heft 48, S. 2411 f.

Bäcker, Gerhard / *Heinze,* Rolf G., Soziale Gerontologie in gesellschaftlicher Verantwortung, Wiesbaden 2013

Bauer, Stefan, Indikationserfordernis und ärztliche Therapiefreiheit: berufsrechtlich festgelegte Indikationen als Beschränkung ärztlicher Berufsfreiheit? Dargestellt am Beispiel der Richtlinie zur assistierten Reproduktion, Halle (Saale) 2010

Baumgartner, Hans Michael / *Heinemann,* Thomas / *Honnefelder,* Ludger / *Winckler,* Wolfgang / *Wildfeuer,* Armin G., Menschenwürde und Lebensschutz: Philosophische Aspekte, in: Rager, Günter Beginn, Personalität und Würde des Menschen, 2. Auflage, Studienausgabe, Freiburg u.a. 1998

Beck-Gernsheim, Elisabeth, Die soziale Konstruktion des Risikos – das Beispiel Pränataldiagnostik, Soziale Welt: Zeitschrift für sozialwissenschaftliche Forschung und Praxis 1996, S. 284 ff.

Beckmann, Rainer, Ist der hirntote Mensch eine „Leiche"?, ZRP 1996, S. 219 ff.

–, Der „Wegfall" der embryopathischen Indikation, MedR 1998, S. 155 ff.

–, Rechtsfragen der Präimplantationsdiagnostik, MedR 2001, S. 169 ff.

von Behren, Dirk, Die Geschichte des § 218 StGB, Tübingen 2004

Beier, Henning, Zum Status des menschlichen Embryos in vitro und in vivo vor der Implantation, Reproduktionsmedizin 2000, S. 332 ff.

Berghäuser, Gloria, Das Ungeborene im Widerspruch: der symbolische Schutz des menschlichen Lebens in vivo und sein Fortwirken in einer allopoietischen Strafgesetzgebung und Strafrechtswissenschaft, Berlin 2015

Berlit, Uwe, Rechtspolitik zur Gleichstellung behinderter Menschen, RdJB 1996, S. 145 ff.

Bernat, Erwin, Pränatale Diagnostik und Präimplantationsdiagnostik: Gibt es ein Recht auf informierte Fortpflanzung?, in: Kern, Bernd-Rüdiger / Wadle, Elmar / Schoeder Klaus-Peter / Katzenmeier Christian, Humaniora: Medizin

- Recht - Geschichte: Festschrift für Adolf Laufs zum 70. Geburtstag, Berlin 2006, S. 671 ff.

Bethge, Nadine, Die verfassungsrechtliche Zulässigkeit des Grundrechtsverzichts, Hamburg 2014

Blaschke, Ulrich / *Förster,* Achim / *Lumpp,* Stephanie / *Schmidt,* Judith, Sicherheit statt Freiheit? Staatliche Handlungsspielräume in extremen Gefährdungslagen, Berlin 2005

Böckenförde, Ernst-Wolfgang, Staat, Verfassung, Demokratie: Studien zur Verfassungstheorie und zum Verfassungsrecht, 2. Auflage, Frankfurt a. M. 1991

Bothe, Michael, Zulässigkeit landesrechtlicher Abfallabgaben, NJW 1998, S. 2333 ff.

Boyd, Patricia / *DeVigan,* Catherine / *Khoshnood,* Babak / *Loane,* Maria / *Garne,* Ester / *Dolk,* Helen, Survey of prenatal screening policies in Europe for structural malformations and chromosome anomalies, and their impact on detection and termination rates for neural tube defects and Down's syndrome, An International Journal of Obstetrics & Gynaecology (BJOG) 2008, S. 689 ff.

Braun, Stefan, Die Straf- und Bußgeldtatbestände des Gendiagnostikgesetzes, JR 2012, S. 363 ff.

Breuer, Rüdiger, Konkretisierungen des Rechtsstaats- und Demokratiegebots, in: Schmidt-Assmann, Eberhard/ Sellner, Dieter/ Hirsch, Günter/ Kemper, Gerd H./ Lehmann-Grube, Hinrich, Festgabe 50 Jahre Bundesverwaltungsgericht, Köln 2003, S. 223 ff.

Brüning, Christoph, Widerspruchsfreiheit der Rechtsordnung - Ein Topos mit verfassungsrechtlichen Konsequenzen?, NVwZ 2002, S. 33 ff.

–, Gleichheitsrechtliche Verhältnismäßigkeit, JZ 2001, S. 669 ff.

Buch, Michael, Das Grundrecht der Behinderten (Art. 3 Abs. 3 S. 2 GG), Osnabrück 2001

Bumke, Christian, Relative Rechtswidrigkeit: Systembildung und Binnendifferenzierungen im Öffentlichen Recht, Tübingen 2004

–, Die Pflicht zur konsistenten Gesetzgebung – Am Beispiel des Ausschlusses der privaten Vermittlung staatlicher Lotterien und ihrer bundesverfassungsgerichtlichen Kontrolle, Der Staat 2010, 77 ff.

Buselmaier, Werner / *Tariverdian,* Gholamali, Humangenetik, 4. Auflage, Heidelberg 2007

Canaris, Claus-Wilhelm, Systemdenken und Systembegriff in der Jurisprudenz entwickelt am Beispiel des deutschen Privatrechts, 2. Auflage, Berlin 1983

Coester-Waltjen, Dagmar, Befruchtungs- und Gentechnologie bei Menschen – rechtliche Probleme von morgen?, FamRZ 1984, S. 230 ff.

Czerner, Frank, Reform der Reform: Wiedereinführung der embryopathischen Indikation bei Spätabtreibungen?, ZRP 2009, S. 233 ff.

–, Die Kodifzierung der Präimplantationsdiagnostik (PID) in § 3a ESchG im Ensemble pränataldiagnostischer und schwangerschaftsbezogener Untersuchungen des Fötus, MedR 2011, 783 ff.

Damm, Reinhard / *Schulte in den Bäumen,* Tobias, Indikation und informed consent – Indikatoren eines Gestaltwandels von Medizin und Medizinrecht, KritV 2005, S. 101 ff.

Damschen, Gregor / *Schönecker,* Dieter, Der moralische Status menschlicher Embryonen: pro und contra Spezies-, Kontinuums-, Identitäts- und Potentialitätsargument, Berlin 2003

Dederer, Hans-Georg, Menschenwürde des Embryo in vitro?, AöR 2002, S. 1 ff.

Degenhart, Christoph, Systemgerechtigkeit und Selbstbindung des Gesetzgebers als Verfassungspostulat, München 1976

Demel, Sabine, Abtreibung zwischen Straffreiheit und Exkommunikation: weltliches und kirchliches Strafrecht auf dem Prüfstand, Stuttgart 1995

Deutscher Ethikrat, Die Zukunft der genetischen Diagnostik – von der Forschung in die klinische Anwendung, Stellungnahme, Stand: April 2013, http://www.ethikrat.org/dateien/pdf/stellungnahme-zukunft-der-genetischen-diagnostik.pdf (letzter Zugriff 10.08.2016)

von Dewitz, Christian, Diskriminierung ungeborener Kinder mit Behinderungen durch die gesetzliche Regelung zum Schwangerschaftsabbruch, ZfL 2009, S. 74 ff.

Dieterich, Peter, Systemgerechtigkeit und Kohärenz: legislative Einheit und Vielheit durch Verfassungs- und Unionsrecht, Berlin 2014

Dietlein, Johannes, Die Lehre von den grundrechtlichen Schutzpflichten, 2. Auflage, Berlin 2005

–, „Life-Science" und Embryonenschutz – Eine Zwischenbilanz aus verfassungsrechtlicher Sicht, NWVBl. 2002, S. 453 ff.

Dreier, Horst, Grundgesetz Kommentar, Band 1, 3. Auflage, Tübingen 2012

–, Bioethik: Politik und Verfassung, Tübingen 2013

Dreyer, Mechthild, Natur und Person im ethischen Disput, Freiburg im Breisgau 1998

Duttge, Gunnar / *Engel,* Wolfgang / *Zoll,* Barbara, „Behinderung" im Dialog zwischen Recht und Humangenetik, Göttingen 2014

Düwell, Marcus / *Hübenthal,* Christoph / *Werner,* Micha H., Handbuch Ethik, 2. Auflage, Stuttgart 2006

Eberbach, Wolfram H., Das neue Gendiagnostikgesetz – Ein Überblick aus juristischer Sicht, MedR 2010, S. 155 ff.

Engisch, Karl, Einführung in das juristische Denken, 11. Auflage, Stuttgart 2010

Epping, Volker / *Hillgruber*, Christian, Grundgesetz: Kommentar, 2. Auflage, München 2013

Erbs, Georg / *Kohlhaas*, Max, Strafrechtliche Nebengesetze, Loseblattsammlung, München, Stand: März 2016

Erichsen, Hans-Uwe, Grundrechtliche Schutzpflichten in der Rechtsprechung des Bundesverfassungsgerichts, Jura 1997, S. 85 ff.

Esser, Ruth, Der Arzt im Abtreibungsstrafrecht: eine verfassungsrechtliche Analyse, Berlin 1992

Faßbender, Kurt, Präimplantationsdiagnostik und Grundgesetz, NJW 2001, S. 2745 ff.

Fechner, Erich, Menschenwürde und generative Forschung und Technik, JZ 1986, S. 653 ff.

Felix, Dagmar, Einheit der Rechtsordnung: zur verfassungsrechtlichen Relevanz einer juristischen Argumentationsfigur, Tübingen 1998

Ferdinand, Petra, Pränatal- und Präimplantationsdiagnostik aus verfassungsrechtlicher Sicht, Frankfurt a. M. 2009

Fischer, Thomas, Strafgesetzbuch mit Nebengesetzen, 63. Auflage, München 2016 (zitiert: *Bearbeiter* in: Fischer StGB)

Frommel, Monika, Ethische, verfassungsrechtliche und strafrechtliche Problematik, Reproduktionsmedizin 2002, 158 ff.

–, Die Neuregelung der Präimplantationsdiagnostik durch § 3a Embryonenschutzgesetz, JZ 2013, S. 488 ff.

Fuss, Ernst-Werner, Gleichheitssatz und Richtermacht, JZ 1959, S. 329 ff.

Gärditz, Klaus Ferdinand, Gutachtliche Stellungnahme zur Zulässigkeit des Diagnostikprodukts „PraenaTest", Rechtsgutachten, Stand: Juni 2012, http://www.cdl-online.de/uploads/pdf/praenatest.pdf (letzter Zugriff am 04.08.2016)

Gassner, Ulrich M. / *Kersten*, Jens / *Krüger*, Matthias / *Lindner*, Franz / *Rosenau*, Henning / *Schroth*, Ulrich, Fortpflanzungsmedizingesetz: Augsburg-Münchner-Entwurf (AME-FMedG), Tübingen 2013

Gätje, Regine / *Eberle*, Christine / *Scholz*, Christoph / *Lübke*, Marion / *Solbach*, Christine / *Muschel*, Katharina / *Kissler*, Stefan / *Siedentopf*, Frederike / *Weißenbacher*, Tobias / *Debus*, Gerlinde / *Schumacher*, Ina / *Lato*, Krisztian / *Sänger*, Nicole, Kurzlehrbuch Gynäkologie und Geburtshilfe, 2. Auflage, Stuttgart 2015 (zitiert: *Bearbeiter* in: Gätje et al., Kurzlehrbuch Gynäkologie und Geburtshilfe)

Geiger, Jutta / *von Lampe,* Claudia, Das zweite Urteil des Bundesverfassungsgerichts zum Schwangerschaftsabbruch: – BVerfG, Urteil vom 28. Mai 1993 – 2 BvF 2/90, 4/92, 5/92 – Ein Schritt vorwärts, zwei Schritte zurück, Jura 1994, S. 20 ff.

Giwer, Elisabeth, Rechtsfragen der Präimplantationsdiagnostik: eine Studie zum rechtlichen Schutz des Embryos im Zusammenhang mit der Präimplantationsdiagnostik unter besonderer Berücksichtigung grundrechtlicher Schutzpflichten, Berlin 2001

Görisch, Christoph, Die Inhalte des Rechtsstaatsprinzips, JuS 1997, S. 988 ff.

Grabsch, Winfried, Die Strafbarkeit der Offenbarung höchstpersönlicher Daten des ungeborenen Menschen, Frankfurt am Main 1994

Graumann, Sigrid, Die Genkontroverse: Grundpositionen, Freiburg im Breisgau 2001

Günther, Hans-Ludwig / *Taupitz,* Jochen / *Kaiser,* Peter, Embryonenschutzgesetz: juristischer Kommentar mit medizinisch-naturwissenschaftlichen Grundlagen, 2., neu bearbeitete Auflage, Stuttgart 2014 (zitiert: *Bearbeiter* in: Günther/Taupitz/Kaiser, ESchG)

Hartleb, Torsten, Grundrechtsschutz in der Petrischale: Grundrechtsträgerschaft und Vorwirkungen bei Art. 2 Abs. 2 GG und Art. 1 Abs. 1 GG, Berlin 2006

Haßmann, Holger, Embryonenschutz im Spannungsfeld internationaler Menschenrechte, staatlicher Grundrechte und nationaler Regelungsmodelle zur Embryonenforschung, Berlin u.a. 2003

Henking, Tanja, Wertungswidersprüche zwischen Embryonenschutzgesetz und den Regelungen des Schwangerschaftsabbruchs?: am Beispiel des Verbots der Präimplantationsdiagnostik, Baden-Baden 2010

–, Präimplantationsdiagnostik – Neues Gesetz, neue Probleme, ZRP 2012, S. 22 ff.

Hermes, Georg, Das Grundrecht auf Schutz von Leben und Gesundheit: Schutzpflicht und Schutzanspruch aus Art. 2 Abs. 2 Satz 1 GG, Heidelberg 1987

Herzog, Roman, Verfassungsauftrag zum Schutze des ungeborenen Lebens, JR 1969, S. 441 ff.

Hesse, Konrad, Der Gleichheitssatz in der neueren deutschen Verfassungsentwicklung, AöR 1984, S. 174 ff.

Heun, Werner, Embryonenforschung und Verfassung – Lebensrecht und Menschenwürde des Embryos, JZ 2002, S. 517 ff.

–, Der Hirntod als Kriterium des Todes des Menschen – Verfassungsrechtliche Grundlagen und Konsequenzen, JZ 1996, S. 213 ff.

Hillekamp, Thomas, Zum Schwangerschaftsabbruch nach Pränataldiagnostik, in: Böse, Martin / Sternberg-Lieben, Detlev, Grundlagen des Straf- und Strafverfahrensrechts: Festschrift für Knut Amelung zum 70. Geburtstag, Berlin 2009, S. 425 ff.

Hillgruber, Christian, Dürfen wir die Präimplantationsdiagnostik zulassen?, ZfL 2011, S. 47 ff.

Hillmer, Agnes, Patientenstatus und Rechtsstatus von Frau und Fötus im Entwicklungsprozess der Pränatalmedizin, Frankfurt am Main u.a. 2004

Hoerster, Nobert, Föten, Menschen und „Speziesismus" – rechtsethisch betrachtet, NJW 1991, S. 2540 ff.

–, Das angebliche Menschenrecht des Embryos auf Leben, JR 1995, S. 51 ff.

–, Forum: Kompromisslösungen zum Menschrecht des Embryos auf Leben?, JuS 2003, S. 529 ff.

Höffe, Otfried, Lexikon der Ethik, 7., neubearbeitete und erweiterte Auflage, München 2008

Höfling, Wolfram, Von Menschen und Personen: Verfassungsrechtliche Überlegungen zu einer bioethischen Schlüsselkategorie, in: Dörr, Dieter / Fink, Udo / Hillgruber, Christian / Kempen, Bernhard / Murswiek, Dietrich, Die Macht des Geistes, Festschrift für Hartmut Schiedermair, Heidelberg 2001, S. 363 ff.

–, Um Leben und Tod: Transplantationsgesetzgebung und Recht auf Leben, JZ 1995, S. 26 ff.

Hofmann, Hasso, Biotechnik, Gentherapie, Genmanipulation – Wissenschaft im rechtsfreien Raum?, JZ 1986, S. 253 ff.

Höffe, Otfried / *Honnefelder,* Ludger / *Isensee,* Josef / *Kirchhof,* Paul, Gentechnik und Menschenwürde: an den Grenzen von Ethik und Recht, Köln 2002

Höpfner, Clemens, Die systemkonforme Auslegung: Zur Auflösung einfachgesetzlicher, verfassungsrechtlicher und europarechtlicher Widersprüche im Recht, Tübingen 2008

Hufen, Friedhelm, Präimplantationsdiagnostik aus verfassungsrechtlicher Sicht, MedR 2001, S. 440 ff.

–, Erosion der Menschenwürde?, JZ 2004, S. 313 ff.

–, Zur verfassungsrechtlichen Beurteilung frühzeitiger pränataler Diagnostik: Dargestellt am Beispiel des Diagnoseprodukts PraenaTest, Rechtsgutachten, Stand: Januar 2013, http://lifecodexx.com/wp-content/uploads/2015/03/Jan-2013_PraenaTest_Zur_verfassungsrechtlichen_Beurteilung_fruehzeitiger_praenataler_Diagnostik_Friedhelm_Hufen.pdf (letzter Zugriff 07.08.2016)

Igl, Gerhard / *Welti,* Felix, Gesundheitsrecht: eine systematische Einführung, 2., neu bearbeitete Auflage, München 2014

Ipsen, Jörn, Der „verfassungsrechtliche Status" des Embryos in vitro, JZ 2001, S. 989 ff.

–, Staatsrecht II: Grundrechte, 18., überarbeitete Auflage, München 2015

–, Zur Zukunft der Embryonenforschung, NJW 2004, S. 268 ff.

Isensee, Josef / *Kirchhof,* Paul, Handbuch des Staatsrechts der Bundesrepublik Deutschland, Band V, Allgemeine Grundrechtslehren, 2., durchgesehene Auflage, Heidelberg 2000 (zitiert: *Bearbeiter* in: Isensee/Kirchhof, HStR Bd. V (2.Aufl.))

–, Handbuch des Staatsrechts der Bundesrepublik Deutschland, Band VII, Freiheitsrechte, 3., völlig neubearbeitete und erweiterte Auflage, Heidelberg 2009 (zitiert: *Bearbeiter* in: Isensee/Kirchhof, HStR Bd. VII)

–, Handbuch des Staatsrechts der Bundesrepublik Deutschland, Band VIII, Grundrechte: Wirtschaft, Verfahren, Gleichheit, 3., völlig neubearbeitete und erweiterte Auflage, Heidelberg 2010 (zitiert: *Bearbeiter* in: Isensee/Kirchhof, HStR Bd. VIII)

–, Handbuch des Staatsrechts der Bundesrepublik Deutschland, Band IX, Allgemeine Grundrechtslehren, 3., völlig neubearbeitete und erweiterte Auflage, Heidelberg 2011 (zitiert: *Bearbeiter* in: Isensee/Kirchhof, HStR Bd. IX)

Jaeckel, Liv, Schutzpflichten im deutschen und europäischen Recht: eine Untersuchung der deutschen Grundrechte, der Menschenrechte und Grundfreiheiten der EMRK sowie der Grundrechte und Grundfreiheiten der Europäischen Gemeinschaft, Baden-Baden 2001

Jarass, Hans D., Die Widerspruchsfreiheit der Rechtsordnung als verfassungsrechtliche Vorgabe, AöR 2001, S. 588 ff.

Jarass, Hans D. / *Pieroth,* Bodo, Grundgesetz für die Bundesrepublik Deutschland: Kommentar, 12. Auflage München 2012 (zitiert: *Bearbeiter* in: Jarass/Pieroth GG)

Joecks, Wolfgang / *Miebach,* Klaus, Münchener Kommentar zum Strafgesetzbuch, Band 3, 2. Auflage, München 2012 (zitiert: *Bearbeiter* in: Joecks/Miebach Müko zum StGB)

Joerden, Jan C., Noch einmal: Wer macht Kompromisse beim Lebensrechtsschutz? – Eine Antwort auf Hoerster, JuS 2003, 529, JuS, S. 1051 ff.

– / *Uhlig,* Carola, Vorgeburtliches Leben – rechtliche Überlegungen zur genetischen Pränataldiagnostik, in: Steger, Florian / Ehm, Simone / Tchirikov, Michael, Pränatale Diagnostik und Therapie in Ethik, Medizin und Recht, Berlin 2014, S. 93 ff.

Kagan, Karl Oliver / *Eiben,* Bernd / *Kozlowski,* Peter, Combined first trimester screening and cell-free fetal DNA - "next generation screening", Ultraschall in der Medizin 2014, S. 229 ff.

Kahl, Wolfgang / *Waldhoff,* Christian / *Walter,* Christian, Bonner Kommentar zum Grundgesetz, Loseblattsammlung, Art. 2–3, Heidelberg, Stand: Februar 2015 (zitiert: *Bearbeiter* in: Kahl/Waldhoff/Walter BK GG)

Kaufmann, Arthur / *Hassemer,* Winfried / *Neumann,* Ulfrid, Einführung in die Rechtsphilosophie und Rechtstheorie der Gegenwart, 8. Auflage, Heidelberg 2011

Kaup, Heike, Der Schwangerschaftsabbruch aus verfassungsrechtlicher Sicht: eine rechtsvergleichende Untersuchung anhand des deutschen und des amerikanischen Rechts, Frankfurt am Main u.a. 1991

Keil, Miriam, Rechtsfragen der individualisierten Medizin, Berlin u.a. 2015

Keller, Rolf / *Günther,* Hans-Ludwig / *Kaiser,* Peter, Embryonenschutzgesetz: Kommentar zum Embryonenschutzgesetz, Stuttgart u.a. 1992 (zitiert: *Bearbeiter* in: Keller/Günther/Kaiser, ESchG)

Kelsen, Hans, Reine Rechtslehre: Einleitung in die rechtswissenschaftliche Problematik, 2. Neudruck der 1. Auflage (Leipzig und Wien 1934), Aalen 1994

Kern, Bernd-Rüdiger, Gendiagnostikgesetz: Kommentar, München 2012 (zitiert: *Bearbeiter* in: Kern GenDG)

–, Das Gendiagnostikgesetz - Rechtsfragen der Humangenetik, Frankfurt am Main 2013

Kindhäuser, Urs / *Neumann,* Ulfrid / *Paeffgen,* Hans-Ullrich, Strafgesetzbuch, 4. Auflage Baden-Baden 2013 (zitiert: *Bearbeiter* in: Kindhäuser/Neumann/Paeffgen StGB)

Kipke, Roland, Mensch und Person: der Begriff der Person in der Bioethik und die Frage nach dem Lebensrecht aller Menschen, Berlin 2001

Kirchhof, Paul, Die Verschiedenheit der Menschen und die Gleichheit vor dem Gesetz: erweiterte Fassung eines Vortrags gehalten in der Carl-Friedrich-von-Siemens-Stiftung am 26. Februar 1996, München 1996

Kischel, Uwe, Rationalität und Begründung, in: Kube, Hanno / Morgenthaler, Gerd / Mellinghoff, Rudolf / Palm, Ulrich / Puhl, Thomas / Seiler, Christian, Leitgedanken des Rechts: Paul Kirchhof zum 70. Geburtstag, Band I, Staat und Verfassung, Heidelberg u.a. 2013, S. 371 ff.

Klein, Eckart, Grundrechtliche Schutzpflicht des Staates, NJW 1989, S. 1633 ff.

Kohl, Marc Matthias, Das Prinzip der widerspruchsfreien Normgebung: untersucht am Beispiel von Lenkungssteuern und Lenkungssonderabgaben, Hamburg 2007

Korff, Wilhelm, Lexikon der Bioethik, Band 1., Gütersloh 1998

Körner, Anne / *Leitherer,* Stephan/ *Mutschler,* Bernd, Kasseler Kommentar: Sozialversicherungsrecht., Loseblattsammlung, München, Stand: März 2016

(zitiert: *Bearbeiter* in: Körner/Leitherer/Mutschler Kasseler Kommentar zum Sozialversicherungsrecht)

Kreß, Hartmut, Präimplantationsdiagnostik: Anschlussfragen für das Embryonenschutz- und Gendiagnostikgesetz und Auswirkungen auf das Stammzellgesetz, ZRP 2011, 68 ff.

–, Präimplantationsdiagnostik in der pluralistischen Gesellschaft im Licht des Toleranzgebots: Mit kritischen Bemerkungen zu den Befugnissen der PID_ Ethikkommissionen, in: Geis, Max-Emanuel / Winkler, Markus / Bickenbach, Christian, Von der Kultur der Verfassung, Festschrift für Friedhelm Hufen zum 70. Geburtstag, München 2015, S. 43 ff.

Krings, Günter, Grund und Grenzen grundrechtlicher Schutzansprüche: die subjektiv-rechtliche Rekonstruktion der grundrechtlichen Schutzpflichten und ihre Auswirkung auf die verfassungsrechtliche Fundierung des Verbrauchervertragsrechts, Berlin 2003

Kunig, Philip, Das Rechtsstaatsprinzip: Überlegungen zu seiner Bedeutung für das Verfassungsrecht der Bundesrepublik Deutschland, Tübingen 1986

Larenz, Karl, Methodenlehre der Rechtswissenschaft, 6., neubearbeitete Auflage, Berlin u.a. 1991

–, Methodenlehre der Rechtswissenschaft, 2., neubearbeitete Auflage der verkürzten Studienausgabe der 6. Auflage Berlin u.a. 1992

Laufs, Adolf, Pränatale Diagnostik und Lebensschutz aus arztrechtlicher Sicht, MedR 1990, S. 231 ff.

– / *Katzenmeier*, Christian / *Lipp*, Volker, Arztrecht, 7., völlig neu bearb. Auflage München 2015 (zitiert: *Bearbeiter* in: Laufs/Katzenmeier/Lipp Arztrecht)

Lehmann, Michaela, Die In-vitro-Fertilisation und ihre Folgen: eine verfassungsrechtliche Analyse, Frankfurt am Main u.a. 2007

Leibholz, Gerhard / *von Mangoldt*, Hermann, Jahrbuch des öffentlichen Rechts der Gegenwart, Neue Folge, Band 1, Tübingen 1951 (zitiert: *Bearbeiter* in: Leibholz/v. Manfoldt, JöR N.F. Bd. I)

Leisner, Walter, Das Lebensrecht, in: Leisner, Walter / Goerlich, Helmut, Das Recht auf Leben: Untersuchungen zu Artikel 2 Abs. 2 des Grundgesetzes für die Bundesrepublik Deutschland, Hannover 1976

Lindner, Josef Franz, Fällt der „PraenaTest" in den Anwendungsbereich des § 15 GenDG?, MedR 2013, S. 288 ff.

Locke, John, Versuch über den menschlichen Verstand: Band I, Buch II, 4., durchgesehene Auflage, Hamburg 1981

Lübbe, Anna, Embryonenschutz als Verfassungsfrage, ZfP 1989, S. 138 ff.

–, Das BVerfG hat gesprochen: Embryonen sind Menschen zweiter Klasse, KritV 1993, S. 313 ff.

Lübbe, Weyma, Pränatale und präimplantive Selektion als Diskriminierungsproblem, MedR 2003, S. 148 ff.

Lüttger, Hans, Der Beginn des Lebens und das Strafrecht, JR 1969, S. 445 ff.

von Mangoldt, Hermann / *Klein,* Friedrich / *Starck,* Christian, Kommentar zum Grundgesetz, Band 1, 6. vollständig neubearbeitete Auflage, München 2010 (zitiert: *Bearbeiter* in: v. Mangoldt/Klein/Starck GG)

Maunz, Theodor / *Dürig,* Günter, Grundgesetz Kommentar, Loseblattsammlung, München Stand: Dezember 2015 (zitiert: *Bearbeiter* in: Maunz/Dürig GG)

Menasse, Eva, Zellhaufen mit Potential, Der Spiegel 2010, Nr. 44, S. 140 ff.

Merkel, Reinhard, Früheuthanasie: rechtsethische und strafrechtliche Grundlagen ärztlicher Entscheidungen über Leben und Tod in der Neonatalmedizin, Baden-Baden 2001

–, Grundrechte für frühe Embryonen? in: Britz, Guido / Jung, Heike / Koriath, Heinz / Müller, Egon, Grundfragen staatlichen Strafens: Festschrift für Heinz Müller-Dietz zum 70. Geburtstag, München 2001, S. 493 ff.

Merten, Detlef / *Papier,* Hans-Jürgen, Handbuch der Grundrechte in Deutschland und Europa, Band V, Grundrechte in Deutschland, Einzelgrundrechte II, Heidelberg 2013 (zitiert: *Bearbeiter* in: Merten/Papier Handbuch der Grundrechte, Bd. V)

Middel, Annette, Verfassungsrechtliche Fragen der Präimplantationsdiagnostik und des therapeutischen Klonens, Baden-Baden 2006

Mildenberger, Elke H., Der Streit um die Embryonen: Warum ungewollte Schwangerschaften, Embryoselektion und Embryonenforschung grundsätzlich unterschiedlich behandelt werden müssen, MedR 2002, S. 293 ff.

Moore, Keith L. / *Persaud,* Trivedi V. N., Embryologie: Entwicklungsstadien, Frühentwicklung, Organogenese, Klinik, 5. Auflage, München u.a. 2007

Müller-Terpitz, Ralf, Der Schutz des pränatalen Lebens: eine verfassungs-, völker- und gemeinschaftsrechtliche Statusbetrachtung an der Schwelle zum biomedizinischen Zeitalter, Tübingen 2007

von Münch, Ingo / *Kunig,* Philip, Grundgesetz: Kommentar, Band 1, 6., neubearbeitete Auflage, München 2012 (zitiert: *Bearbeiter* in: Münch/Kunig GG, Bd. 1)

Murken, Jan / *Kainer,* Franz, in: Murken, Jan / Grimm, Tiemo / Holinski-Feder, Elke / Zerres, Klaus, Taschenlehrbuch Humangenetik: 80 Tabellen, 8., überarbeitete Auflage, Stuttgart 2011

Murswiek, Dietrich, Die staatliche Verantwortung für die Risiken der Technik: verfassungsrechtliche Grundlagen und immissionsschutzrechtliche Ausformung, Berlin 1985

Mutter, Michael / *Binkert,* Franz/ *Schinzel,* Albert, Down syndrome livebirth rate in the eastern part of Switzerland between 1980 and 1996 stays constant in spite of growing numbers of prenatally diagnosed and subsequently terminated cases, Prenatal Diagnosis 2002, S. 835 f.

Nationaler Ethikrat, Zum Import menschlicher embryonaler Stammzellen, Stellungnahme, Stand: Dezember 2001, http://www.ethikrat.org/dateien/pdf/zum-import-menschlicher-embryonaler-stammzellen.pdf (letzter Zugriff 24.08.2016)

Nicolaides, Kypros, Implementation of maternal blood cell-free DNA testing in early screening for aneuploidies, Ultrasound in Obstetrics & Gynecology 2013 (42), S. 34 ff.

Niemitz, Carsten / *Niemitz,* Sigrun, Genforschung und Gentechnik: Ängste und Hoffnungen, 6 Tabellen, Berlin u.a. 1999

Ostendorf, Heribert, Experimente mit dem „Retortenbaby“ auf dem rechtlichen Prüfstand, JZ 1984, S. 595 ff.

Palandt, Otto, Bürgerliches Gesetzbuch: mit Nebengesetzen, Kommentar, 74., neubearbeitete Auflage, München 2015

Papier, Hans-Jürgen, Die Würde des Menschen ist unantastbar, in: Grote, Rainer / Härtel, Ines / Hain, Karl-E. / Schmidt, Thorsten Ingo / Schmitz, Thomas / Schuppert, Gunnar Folke / Winterhoff, Christian, Die Ordnung der Freiheit: Festschrift für Christian Starck zum siebzigsten Geburtstag, Tübingen 2007, S. 371 ff.

Payandeh, Mehrdad, Das Gebot der Folgerichtigkeit: Rationalitätsgewinn oder Irrweg der Grundrechtsdogmatik?, AöR 2011, S. 578 ff.

Peine, Franz-Joseph, Das Recht als System, Berlin 1983

Pieroth, Bodo / *Schlink,* Bernhard / *Kingreen,* Thorsten/ *Poscher,* Ralf, Grundrechte: Lehrbuch, Entscheidungen, Gesetzestexte, 31., neu bearbeitete Auflage, Heidelberg 2015

Pöschl, Magdalena, Gleichheit vor dem Gesetz, Wien u.a. 2008

Propping, Peter / *Schott,* Heinz, Vorgeburtliche Diagnostik: Hin zu einer Eugenik von unten?, Deutsches Ärzteblatt 2014, Jahrgang 111, Heft 46, S. 2006 ff.

Prütting, Dorothea, Fachanwaltskommentar Medizinrecht, 3. Auflage, Köln 2014 (zitiert: *Bearbeiter* in: Prütting Fachanwaltskommentar Medizinrecht)

Ramm, Thilo, Die Fortpflanzung – ein Freiheitsrecht?, JZ 1989, S. 861 ff.

Ratzel, Rudolf, Beschränkung des Rechts auf Fortpflanzung durch das ärztliche Berufsrecht, GesR 2009, S. 281 ff.

Rauschning, Dietrich, Deutschland nach 30 Jahren Grundgesetz, Berlin u.a. 1980

Reiche, Dagmar, Roche Lexikon Medizin, 5., neu bearbeitete und erweiterte Auflage, München u.a. 2009 (zitiert: *Bearbeiter* in: Reiche, Roche Lexikon der Medizin)

Renner, Ilona, Pränataldiagnostik: eine repräsentative Befragung Schwangerer, Forum Sexualaufklärung und Familienplanung 2007, S. 7 ff.

Renzikowski, Joachim, Die strafrechtliche Beurteilung der Präimplantationsdiagnostik, NJW 2001, S. 2753 ff.

Rolfs, Christian / *Giesen,* Richard / *Kreikebohm,* Ralf / *Udsching,* Peter, Beck'scher Online-Kommentar Sozialrecht, SGB V, Stand: April 2016 (zitiert: *Bearbeiter* in: Rolfs et al., BeckOK SozR, SGB V)

Roxin, Claus / *Schroth,* Ulrich, Handbuch des Medizinstrafrechts, 4., aktualisierte, überarbeitete und erweiterte Auflage, Stuttgart u.a. 2010 (zitiert: *Bearbeiter* in: Roxin/Schroth Handbuch des Medizinstrafrechts)

Rüpke, Giselher, Persönlichkeitsrecht und Schwangerschaftsunterbrechung, ZRP 1974, S. 73 ff.

Ruso, Berit / *Thöni,* Magdalena, Quo vadis Präimplantationsdiagnostik?, MedR 2010, S. 74 ff.

Rüthers, Bernd / *Fischer,* Christian / *Birk,* Axel, Rechtstheorie mit juristischer Methodenlehre, 8., überarbeitete Auflage, München 2015

Sachs, Michael, Das Grundrecht der Behinderten aus Art. 3 Abs. 3 S. 2 GG, RdJB 1996, S. 154 ff.

Sachs, Michael, Grundgesetz, Kommentar, 7., geänderte Auflage, München 2014 (zitiert: *Bearbeiter* in: Sachs GG)

Säcker, Franz Jürgen / *Rixecker,* Roland, Münchener Kommentar zum Bürgerlichen Gesetzbuch, Band 1, Allgemeiner Teil, §§ 1–240, ProstG, AGG, 6. Auflage, München 2012 (zitiert: *Bearbeiter* in: MüKo zum BGB)

Sadler, Thomas W., Medizinische Embryologie: die normale menschliche Entwicklung und ihre Fehlbildungen, 11., aktualisierte und erweiterte Auflage, Stuttgart u.a. 2008

Sass, Hans-Martin, Medizin und Ethik, Revidierte und bibliographisch erneuerte Ausgabe, Stuttgart 1999

Schaaf, Christian P. / *Zschocke,* Johannes, Basiswissen Humangenetik, 2., überarbeitete Auflage, Berlin u.a. 2013

Schächinger, Michael, Menschenwürde und Menschheitswürde: Zweck, Konsistenz und Berechtigung strafrechtlichen Embryonenschutzes, Berlin 2014

Schäuble, Wolfgang, Vergeßt die Mutter nicht, FAZ vom 21.05.2001, S. 49

Scherrer, Johanna, Das Gendiagnostikgesetz: eine Darstellung unter besonderer Berücksichtigung verfassungsrechtlicher Fragestellungen, Berlin 2012

Schlink, Bernhard, Aktuelle Fragen des pränatalen Lebensschutzes, Überarbeitete Fassung eines Vortrages, gehalten vor der Juristischen Gesellschaft zu Berlin am 19. Dezember 2001, Berlin 2002

Schmidt, Angelika, Rechtliche Aspekte der Genomanalyse: insbesondere die Zulässigkeit genanalytischer Testverfahren in der pränatalen Diagnostik sowie der Präimplantationsdiagnostik, Frankfurt am Main u.a. 1991

Schmidt-Jortzig, Edzard, Wann ist der Mensch tot?, Vortrag gehalten vor der Juristischen Studiengesellschaft Regensburg am 12. Mai 1998, München 1999

Schneider, Susanne, Rechtliche Aspekte der Präimplantations- und Präfertilisationsdiagnostik, Frankfurt am Main 2002

–/ *Woopen,* Christiane, Selektion aufgrund genetischer Diagnostik? – Zur Beziehung zwischen den ethischen und rechtlichen Betrachtungen in den beiden Teilprojekten, JWE 2005, S. 325 ff.

Schönke, Adolf / *Schröder,* Horst, Strafgesetzbuch: Kommentar, 29., neu bearbeitete Auflage München 2014 (zitiert: *Bearbeiter* in: Schönke/Schöder StGB)

Schroth, Ulrich, Forschung mit embryonalen Stammzellen und Präimplantationsdiagnostik im Lichte des Rechts, JZ 2002, S. 170 ff.

Schumann, Eva, Verantwortungsbewusste Konfliktlösungen bei embryopathischem Befund, Göttingen 2008

Schwabe, Jürgen, Grundrechtlich begründete Pflichten des Staates zum Schutz gegen staatliche Bau- und Anlagegenehmigungen? Oder: Schuldet der Staat aktiven Schutz gegen sich selbst?, NVwZ 1983, S. 523 ff.

Sendler, Horst, Heinrich Böll und das Ozonsmoggesetz, NJW 1995, S. 2829 ff.

–, Grundrecht auf Widerspruchsfreiheit der Rechtsordnung? – Eine Reise nach Absurdistan?, NJW 1998, S. 2875 ff.

Singer, Peter, Leben und Tod: der Zusammenbruch der traditionellen Ethik, Erlangen 1998

Sobota, Katharina, Das Prinzip Rechtsstaat: verfassungs- und verwaltungsrechtliche Aspekte, Tübingen 1997

Sowada, Christoph, Der strafrechtliche Schutz am Beginn des Lebens, GA 2011, S. 389 ff.

Spaemann, Robert, Grenzen: zur ethischen Dimension des Handelns, Stuttgart 2001

Spickhoff, Andreas, Medizinrecht 2. Auflage, München 2014 (zitiert: *Bearbeiter* in: Spickhoff, Medizinrecht)

–, Die Entwicklung des Arztrechts 2002/2003, NJW 2003, S. 1701 ff.

Spranger, Tade Matthias / *Gorenstein,* Jenny, Ethik und Recht in Medizin und Biowissenschaften: aktuelle Fallbeispiele aus klinischer Praxis und Forschung, Berlin u.a. 2014

Starck, Christian, Die Anwendung des Gleichheitssatzes, in: Link, Christoph, Der Gleichheitssatz im modernen Verfassungsstaat: Geburtstag von Bundesverfassungsrichter i.R. Professor Dr. phil. Dr. jur. Dr. h.c. Gerhard Leibholz am 21. November 1981, Baden-Baden 1982, S. 51 ff.

–, Praxis der Verfassungsauslegung, Baden-Baden 1994

von Staudinger, Julius Kommentar zum Bürgerlichen Gesetzbuch mit Einführungsgesetz und Nebengesetzen, Buch 1, Allgemeiner Teil, Einleitung zum BGB, §§ 1–14, VerschG, 15. neubearbeitete Auflage, Berlin 2013 (zitiert: *Bearbeiter* in: Staudinger BGB)

Sternberg-Lieben, Detlev, Gentherapie und Strafrecht, JuS 1986, S. 673 ff.

Stern, Klaus, Das Staatsrecht der Bundesrepublik Deutschland, Band I, Grundbegriffe und Grundlagen des Staatsrechts, Strukturprinzipien der Verfassung, 2. Auflage, München 1984

–, Das Staatsrecht der Bundesrepublik Deutschland, Band IV/2, Die einzelnen Grundrechte, München 2011

–, Die Schutzpflichtenfunktion der Grundrechte: Eine juristische Entdeckung, DÖV 2010, S. 241 ff.

Szczekalla, Peter, Die sogenannten grundrechtlichen Schutzpflichten im deutschen und europäischen Recht: Inhalt und Reichweite einer „gemeineuropäischen Grundrechtsfunktion", Berlin 2002

Taupitz, Jochen / *Hermes,* Benjamin, Neuregelung der PID – an der medizinischen Praxis vorbei?, MedR 2015, S. 244 ff.

Theilig, Susanne, Die Strafbarkeit pränataler Einwirkungen auf die menschliche Leibesfrucht unter besonderer Berücksichtigung der Möglichkeiten der pränatalen medizinischen Diagnostik, Bonn 1995

Tolmein, Oliver, Selbstbestimmungsrecht der Frau, Pränataldiagnostik und die UN- Behindertenrechtskonvention, KJ 2012, S. 420 ff.

Torbohm, Nicolaj, Genetische Informationen im Familienverbund: der neue § 3a ESchG und ausgewählte Probleme des Gendiagnostikgesetzes, Berlin 2015

Tröndle, Herbert, Das Schwangeren- und Familienhilfeänderungsgesetz, NJW 1995, S. 3009 ff.

Tooley, Michael, Abtreibung und Kindstötung, in: Leist, Anton, Um Leben und Tod: moralische Probleme bei Abtreibung, künstlicher Befruchtung, Euthanasie und Selbstmord, 3. Auflage Frankfurt am Main 1992

Ulfig, Norbert, Kurzlehrbuch Embryologie, 2., überarbeitete Auflage, Stuttgart 2009

Umbach, Dieter C. / *Clemens,* Thomas, Grundgesetz, Mitarbeiterkommentar und Handbuch, Band I, Heidelberg 2002 (zitiert: *Bearbeiter* in: Umbach/ Clemens GG)

Unruh, Peter, Zur Dogmatik der grundrechtlichen Schutzpflichten, Berlin 1996

Vitzthum, Wolfgang Graf, Die Menschenwürde als Verfassungsbegriff, JZ 1985, S. 201 ff.

Welling, Lioba Ilona Luisa, Genetisches Enhancement: Grenzen der Begründungsressourcen des säkularen Rechtsstaates?, Berlin 2014

Weyerstahl, Thomas / *Stauber,* Manfred, Gynäkologie und Geburtshilfe, 4. Auflage, Stuttgart 2013 (zitiert: *Bearbeiter* in: Weyerstahl/Stauber Gynäkologie und Geburtshilfe)

Zippelius, Reinhold, Juristische Methodenlehre, 11. Auflage, München 2012

Zoglauer, Thomas, Normenkonflikte: zur Logik und Rationalität ethischen Argumentierens, Stuttgart 1998

www.ingramcontent.com/pod-product-compliance
Ingram Content Group UK Ltd.
Pitfield, Milton Keynes, MK11 3LW, UK
UKHW021855290926
8980IPUK00005B/842

9 783631 764244